南京稀见文献丛刊

# 南京市及江宁县地质报告

朱庭祜 李学清 郑厚怀
汤克成 袁见齐 孙鼐 撰

审校 顾金亮

南京出版传媒集团
南京出版社

图书在版编目（CIP）数据

南京市及江宁县地质报告 / 朱庭祜等撰 . -- 南京：
南京出版社 , 2024.6
　（南京稀见文献丛刊）
　ISBN 978-7-5533-4749-3

Ⅰ . ①南… Ⅱ . ①朱… Ⅲ . ①区域地质调查—调查报
告—南京 Ⅳ . ① P562.531

中国国家版本馆 CIP 数据核字（2024）第 083350 号

丛 书 名　南京稀见文献丛刊
书　　名　南京市及江宁县地质报告
作　　者　朱庭祜　李学清　郑厚怀　汤克成　袁见齐　孙　鼐
出版发行　南京出版传媒集团
　　　　　南 京 出 版 社
　　　社址：南京市太平门街 53 号　邮编：210016
　　　网址：http://www.njcbs.cn　电子信箱：njcbs1988@163.com
　　　联系电话：025-83283893、83283864（营销）　025-83112257（编务）

出 版 人　项晓宁
出 品 人　卢海鸣
责任编辑　严行健
装帧设计　王　俊
责任印制　杨福彬

排　　版　南京新华丰制版有限公司
印　　刷　南京工大印务有限公司
开　　本　890 毫米 × 1240 毫米　1/32
印　　张　9.625
字　　数　185 千
版　　次　2024 年 4 月第 1 版
印　　次　2024 年 6 月第 2 次印刷
书　　号　ISBN 978-7-5533-4749-3
定　　价　60.00 元

用微信或京东
APP扫码购书

用淘宝APP
扫码购书

# 学术顾问

茅家琦　蒋赞初

# 编委会

# 总　序

　　南京是我国著名的七大古都之一，又是国务院首批公布的 24 座历史文化名城之一。有将近 2500 年的建城史，约 450 年的建都史，号称"六朝古都""十朝都会"。南京的地方文献是中华历史文化资源的一个重要组成部分，是研究我国政治、经济、军事、文化和民风民俗的重要资料。为了贯彻落实党的十九大精神和习近平新时代中国特色社会主义思想，配合南京的经济发展与城市建设，深度挖掘历史文化资源，做好历史文献整理出版工作，不仅有利于传承、弘扬南京历史文化，提升南京品位，扩大南京影响力，也有利于推动物质文明、政治文明、精神文明、社会文明、生态文明协调发展。

　　长期以来，南京地方文献还没有系统地整理出版过，大量的南京珍贵文献散落在全国各地的图书馆和民间。许多珍贵的南京文献被束之高阁，无人问津，有的随着岁月的流逝而湮没无闻。广大读者想要查找阅读这些散见的地方文献，费时费力，十分不便。为开发和利用好这一祖先留给我们的文化瑰宝，充分发挥其资治、存史、教化、育人功能，南京出版传媒集团（南京出版社）与南京市地方志编纂委员会办公室组织了一批专家和相关人员，致力于搜集整理出版南京历史上稀有的、珍贵的经典文献，并把"南京稀见文献丛刊"精心打造成古都南京的文化品牌和特色名片。为此，我们在内容定位上是全方位、多视角地展示南京文化的深层内涵和丰富魅力；在读者定位上是广大知识分子、各级党政干部以及具有中等以上文化程度的人；在价值定位上，丛书兼顾学术研究、知识普及这两者的价值。这套丛书的版本力求是国内最早最好的版本，点校者力求是南京地方文化方面的专家学者，在装帧设计印刷上也力求高质量。

　　总之，我们力图通过这套丛书的出版，扩大稀见文献的流传范围，让更多的读者能够阅读到这些文献；增加稀见文献的存世数量，保存稀见文献；提升稀见文献的地位，突显稀见文献所具有的正史史料所没有的价值。

"南京稀见文献丛刊"编委会

# 导　读

南京山环水抱，自古以山川形胜著称。三国时期诸葛亮出使东吴时，面对冈峦起伏的秣陵形胜，不禁发出"钟山龙盘，石头虎踞，此帝王之宅"[①]的感慨。诸葛亮此语既出，"龙盘虎踞"一词不仅成为千百年来南京最被认可的城市广告语，也是对南京地理形貌最直观形象的描述[②]。不过从地质历史角度，"沧海桑田"一词或可也是为南京量身定做。数亿年前的南京还是一片海域，各种古生物在这里繁衍生息。在漫长的岁月流转中，南京在大海中几度沉浮，直到距今 2.1 亿年前后，地壳运动再一次将它推出海面，从此南京一直成为陆地。接下来又经历一次翻天覆地的造山运动以及两次猛烈的火山喷发，才形成南京如今的丘陵地貌。在地质学家眼里，南京的山水亲历了地球演化史上的诸多重大时刻，蜿蜒起伏的宁镇山脉犹如时光刻录机，存储着从

---

[①]　《太平御览·卷一五六·州郡部二·叙京都下》引西晋张勃《吴录》："刘备曾使诸葛亮至京，因睹秣陵山阜，叹曰：'钟山龙盘，石头虎踞，此帝王之宅。'"

[②]　诸葛亮甫提出"钟山龙盘，石城虎踞"说，"龙盘虎踞"便成为南京的意象。到唐代，李白在《永王东巡歌》中写道："龙盘虎踞帝王州，帝子金陵访古丘。"可见，南京"龙盘虎踞"的意象在唐代已广为人们认同。此后历代都有文人以"龙盘虎踞"来形容南京。

寒武纪到中生代时间跨度达数亿年的地层剖面,在南京,哪怕是一枚其貌不扬的雨花石,也是大自然鬼斧神工的见证者。南京堪称一座天然地质博物馆,也是我国早期地质研究的摇篮。[①]

## 一、南京地质调查的发端——李希霍芬的三次南京之行

南京最早的地质调查始于清同治年间,担纲这项工作的是德国人费迪南德·冯·李希霍芬(Ferdinand von Richthofen)。李希霍芬是德国著名的地质地理学家,他在1868—1872年间对中国进行了七次地质考察,足迹遍及当时18个行省中的13个,对中国的山脉、气候、人口、经济、交通、矿产等进行了深入的探察。在总结考察成果的基础上,李希霍芬提出了著名的黄土成因"风成说",是指出罗布泊位置的第一人,而且首创了"丝绸之路"这一名称。关于李氏之功,近代中国地质学创始人翁文灏曾称其"实最先明了中国地文之伟大科学家也"[②]。

### 1. 李希霍芬的三次南京之行

1868年,李希霍芬结束在美国的工作,带着加利福尼亚银行的资助,于9月4日经日本抵达上海,开始他的中国之行。在考察了上海、芝罘、天津、北京、宁波、舟山、绍兴、杭州等地后,他坐船经大运河走水路前往镇江。镇江附近的丹阳城给李希霍芬留下了较好的印象,"丹阳附近的农田利用率

---

① 赵腊平,蒋郭吉玛.地质公园应当成为南京的"新名片"[N].中国矿业报,2015-03-26(A06).

② 翁文灏.李希霍芬与中国之地质工作[J].第四纪研究,2005,(04):449.

比较高,人口也多,比起以南的地方看起来富有一些,生机勃勃一些"①。抵达镇江后,李希霍芬由运河进入长江,很快就来到了江南政治文化中心、当时还称为"江宁"的南京城。

12月19日,李希霍芬由城北的神策门入城。12月21日,李希霍芬游览了著名的明孝陵和明皇宫遗址,对南京的地理细节格外关注。他记录道,"南京城的面积很大,城墙内东西宽至少7公里半,北部多山,南部多平地"②。"东南部的一块四方地,边长500米到1000米,被坚固的城墙所围绕,城墙上开了很多门,现在极其荒凉,但是看来以前应该是相当繁华的,这里曾经是明朝的皇宫。现在除了废墟还是废墟,看不到一点儿宏伟之处"③。饱经沧桑的明孝陵倒是激发了李希霍芬探索的兴趣,他以地质学家的眼光观察道:"巨大的柱子支撑起高大的殿堂,殿内有一幢巨大的石碑,碑身和底座都是花岗岩。""有一条道路通往第二组建筑,路边是巨大的石像生,有马匹、大象、骆驼和其他神秘的动物形象,大小有实际两倍大,全部是花岗岩刻成。"④ 显而易见,明孝陵的大明孝陵神功圣德碑碑亭(民间俗称"四方城")和神道(今石象路和翁仲路)给李希霍芬留下了深刻的印象。他还考察了"大概350米高的独树山或栖霞山,山顶呈圆形,顶上只有一棵树,山由此得名"⑤。

李希霍芬离开南京后又返回上海,于1869年1月8日乘汽船前往汉口。1月15日,他从汉口沿长江顺流而下

---

①②③④⑤ 费迪南德·冯·李希霍芬. 李希霍芬中国旅行日记 [M]. 北京:商务印书馆, 2019:58–64.

前往上海,在经过九江、安庆、芜湖等地后,再次进入江苏境内,考察了南京秦淮河干流一带"最美丽的一座山"——方山。"此山上部呈圆形,大概高 200 米,直径大概有 750 米,圆环的北侧已经不完整了",作为杰出地质学家,李希霍芬判断方山是一座火山:"山上遍覆火山岩,看起来它们不是同一次火山爆发时被喷射出来的,因为这些石头的大小、形状都不尽相同。有些地方的火山岩已经被涌出的蒸汽破坏了,但是我们仍然可以看出先前硫气孔的痕迹。从山上的岩石、残存的火山熔岩和山体的形状可以断定这是一座火山无疑。"①

李希霍芬还细细游览了镇江,考察了镇江附近的矿产资源。他写道:"我们探访了高资以南的很多老矿,让我高兴的是,我在那里找到了不少化石,它们让我得出了明确的结论,那就是中国的矿藏,至少是其中一部分矿藏的年代和美洲以及欧洲的属于同一时期。"②

这一次,李希霍芬在南京度过了他的第一个中国春节。他在日记中写道:"这里热闹异常,人们正在为明天即将到来的除夕做准备。岸边、街道上甚至是船上都挂上了彩色的灯笼,焰火和爆竹的声音此起彼伏,震耳欲聋。我的中国随从们的一些好朋友从宁波赶来看望他们。我也兴致勃勃地加入了他们,还拿出了活鸡和烧酒。"③

①② 费迪南德·冯·李希霍芬. 李希霍芬中国旅行日记 [M]. 北京:商务印书馆,2019:109–111.

③ 费迪南德·冯·李希霍芬. 李希霍芬中国旅行日记 [M]. 北京:商务印书馆,2019:107.

1871 年 7 月,李希霍芬第三次来到镇江和南京,对宁镇山脉( 李氏称其为南京山脉 )作了较为系统的地质学分析。他说:"南京附近的山,都延循着中国东南地区山脉的一般走向,即从西和西南向东和东北。绝大部分的山高出平地仅 200 米至 250 米,只有少数几个能达到 300 米至 400 米的高度。为了方便起见,我们把这整个地叫作南京山脉。一层梯状的黄土,有 25 米至 60 米厚,从四周包围了这里的山,并填充了山脉之间的空地。在山的北坡,黄土呈舌状一个个伸入冲积平原——显然是曾经遍地覆盖的黄土而今的残余。在西面,这黄土占南京城地基的很大一部分,将南京山脉同相邻的西南方位的丘陵相连。在南面,它延伸开去,直到环太湖的冲积平原。在东面,它最终将镇江的丘陵同几条延伸到更远处的余脉连接起来。山脉的对面,长江的北岸,黄土更多。它在那里构成了表层呈波状的台地,该台地的形状、幅员都不清楚,高度很可能不超过 60 米。江边的冲积地带在那里宽不过 0.25—1.5 公里。比梯状黄土层更高的是那些 125 米至 200 米高的单个的锥形山峰,其中几个被我们认定为已经熄灭的火山,而其他几个则像是某火山高地的残余。这些轮廓的特征使得那儿的风景与南面的丘陵趣味迥异。直到在南京对面重又拔起了一座封闭的山,它的轮廓表明了它与南京山脉结构相似。"①

"我这次又调查了一回位于南京城里的山脉的最西余

---

① 费迪南德·冯·李希霍芬. 李希霍芬中国旅行日记 [M]. 北京: 商务印书馆, 2019:560–561.

脉;而首先调查的是山脉位于南京城以东的部分,因为我上次旅行时就曾经到过那里。那里最突出的就是钟山绵延的山脊:此山外形独特,与众不同;北面悬崖峭壁,南面则平缓延展,明朝的皇陵就在山的南坡。与钟山并排,北面还有一排排的丘陵从黄土梯地中隆起,绵延到位于马掌渠的峭壁为止。东面有一个冲积谷地,谷地之外矗立着海拔 290 米的栖霞山或叫独树山——我之前来访时提到过此山。"①

在李希霍芬看来,尽管南京山脉无法与安徽、浙江的高山峻岭相比,但也有其独特之处,"它的最美之处在于可以站在较高的山峰尽情眺望。长江这条雄伟的河流和夹岸的高山形成的深谷,纵横交错的运河网,不计其数的乡村、城市以及丰富的物产都铺展开去,远处的火山恰如这景色隽永而美丽的画框,其中几座山的轮廓淡入地平线,依稀可辨……"② 描绘了一幅长江南京段的壮美图景。

2. 李希霍芬对南京地质调查的贡献

回到德国后,李希霍芬总结考察成果,完成了五卷本传世巨著《中国——亲身旅行和据此所作研究的成果》(以下称《中国》)。在《中国》第三卷中,他以相当篇幅论述了在南京附近仑山灰岩之上发现的笔石页岩,即后人命名的"高家边页岩"。他对南方志留系也作了系统探讨。他在 1877 年研究了泥盆系的五通砂岩,但未正式命名(1919 年,丁文江首建"五通山石英岩"一名)。李希霍芬又在《中国》第三卷

①② 费迪南德·冯·李希霍芬. 李希霍芬中国旅行日记 [M]. 北京:商务印书馆,2019:561–562.

中把南京东郊栖霞山的石灰岩命名为栖霞灰岩，它位于五通砂岩与南京砂岩钟山层之间，他也定其时代为泥盆纪，后人经多番研究，发现原始的"栖霞灰岩"包括了从石炭系至下二叠统之地层，而今"栖霞组"只限于下二叠统下部的一个组（阶）。李希霍芬也提出了中国火成岩的分布和分类，诸如古老的高丽花岗斑岩、新生代的玄武岩、山东西部基性喷发岩、北京西山花岗岩、秦岭天台山花岗岩，以及南京附近的花岗岩、安山岩和玄武岩等。①

李希霍芬开启的南京地质调查引发并促进了后人对南京地质深入、系统的研究。1898年，因南京青龙山煤矿之需，江南陆师学堂附设矿务铁路学堂，开设地质学、矿学、化学、熔炼学等课程，这标志着地质学正式在中国传播。鲁迅即是该学堂的首届（也是唯一一届）毕业生。鲁迅还在他1903年发表的《中国地质略论》中对李希霍芬的地质调查作出评论：李氏"历时三年，其旅行线强于二万里，作报告书三册，于是世界第一石炭②国之名，乃大噪于世界。其意曰：支那大陆均蓄石炭，而山西尤盛；然矿业盛衰，首关输运，惟扼胶州，则足制山西之矿业，故分割支那，以先得胶州为第一着"。因此，鲁迅感叹道："盖自利氏③游历以来，胶州早非我有矣。"④

---

① 潘云唐.李希霍芬在中国地质科学上的卓越贡献[J].地质论评,2005,(05):128-129.
② 石炭是中国古代煤的旧称。
③ 李希霍芬旧译为"利试何芬"。
④ 索子.中国地质略论[J].浙江潮，1903（8）:59-76.

## 二、南京地质调查的系统推进
### ——一众地质学家对南京开展的地质学研究

1949 年以前，中国地质学研究的三大主要机构，即中央研究院地质研究所①、经济部中央地质调查所②和资源委员会矿产测勘处③，均聚集南京，因此南京囊括了当时中国地质学研究的主要力量，成就斐然，声誉卓著。这些机构除了领导和统筹全国的地质研究、地质调查和矿产测勘，取得了"在世界地质学史上占有一定地位"④的成就外，还对南京及其周边开展地质调查和地质研究，成果纷呈。

1. 对南京及其周边开展的地质调查

比较著名的成果有：

（1）1917 年丁文江在江苏、安徽、浙江三省调查扬子江下游地质，1919 年出版《芜湖以下扬子江流域地质报

---

① 1928 年 1 月，中央研究院地质研究所在上海成立，由李四光担任所长。地质研究所在上海期间的所址几经搬迁。1933 年秋，李四光亲自选址、设计，聘请杨廷宝建筑师监盖的地质研究所办公楼，在南京鸡鸣寺路建成，地质研究所终于有了正式的所址。受战争的影响，地质研究所 1937 年迁入广西桂林；1945 年迁重庆；1946 年迁回南京。

② 1912 年南京临时政府实业部矿务司下设地质科，章鸿钊任科长。后政府北迁至北京，地质科改属工商部，丁文江接任科长。1913 年 9 月，地质科改为地质调查所，所长由丁文江担任。1935 年冬，地质调查所从北平迁往南京珠江路 942 号新址（现 700 号）。抗战期间，地质调查所被迫辗转于长沙、重庆，最终落脚在重庆北碚。为了与省地调所区别，1941 年正式定名为中央地质调查所。抗战胜利后，1946 年 6 月中央地质调查所本部回迁至南京原址办公。

③ 该处初名叙昆铁路沿线探矿工程处，于 1940 年 6 月 15 日正式成立。后因矿业合作合同无法执行，奉命改组为西南矿产测勘处，工作范围限于云贵川三省。后又奉命改组为资源委员会矿产测勘处，于 1942 年 10 月 1 日正式成立，成为一个全国性的矿产测勘机构。矿产测勘处的处长一直由谢家荣担任。抗战胜利后迁到南京，地址在虹桥 20 号（现为中山北路 200 号）。

④ 周培源. 六十年来的中国科学 // 纪念五四运动六十周年学术讨论会论文选（一）[C]. 北京：中国社会科学出版社，1980：44-63.

告》，有论者评价该报告是"中国现代海洋地质学研究的开山之作"[①]。

（2）董常于 1918 年夏和 1919 年冬两次赴江浦、六合、江宁、句容等地探寻火山遗迹，著成《江苏西南部之火山遗迹及玄武岩流之分布》。

（3）1920 年，刘季辰、赵汝钧全面调查江苏地质矿产情况，首创区域性、综合性矿产调查先例，"首尾三年，乃成江苏地质图一幅，地质志一册"[②]，于 1924 年发表《江苏地质志》，这是全国第一份省域地质志。其中，专辟经济地质一章，并附有"江苏省注册矿区一览表"。

（4）1927 年，赵亚曾著有《南京栖霞山石灰岩之地质时代》。

（5）谢家荣 1928 年上半年任教中央大学地学系时，考察了钟山、幕府山、汤山、富贵山、覆舟山等地地质，著成《钟山地质及其与南京市井水供给之关系》。此文在讨论钟山的地层和地质构造的基础上，论述了南京市的井水供给问题，是现代中国最早发表的水文地质研究论文，是中国人研究水文地质的开端。

（6）1928 年，张更在汤山地区进行地质调查，对附近的煤、石灰岩、温泉做了考察，著有《汤山附近地质报告》。1928 年，张更还发表了《雨花台之石子》，被誉为"揭开南京

---

① 郭金海.1935 年太平洋科学协会海洋学组中国分会的成立与影响 [J]. 中国科技史杂志，2017，38（03）：266-293，379.

② 张轶欧.江苏地质志序 // 刘季辰，赵汝钧.江苏地质志 [M].农商部地质调查所，江苏实业厅，1924.

雨花台砾石层真面目的第一人"。

（7）1929年，朱森发表《江苏西南部山脉之研究》一文，对下石炭统地层作了进一步的详细划分，较前人有突破与创新。

（8）1929-1931年，喻德渊、叶良辅、朱森、李捷等对宁镇地区火成岩进行了野外调查和室内研究，于1934年出版《南京镇江间之火成岩地质史》。该书对宁镇山脉火成岩的分布、期次、种类、岩浆岩类别及岩浆循环等均有精详的研究，并论述火成岩侵入或喷出的影响，及接触变质岩的产生及矿产的沉积，为当时我国研究区域火成岩的杰作和指南。他们还编制了1:50000《宁镇山脉地质图》。此图在新中国成立前的大比例尺中国地质图中，可称为"自制之精密地质图"。

（9）1930年，李学清著有《南京钟山地区火成岩侵入及其变质情况》，该著作是区内侵入岩专题研究的最早成果。

（10）1930-1931年，李四光、朱森等在南京龙潭、栖霞一带做地质调查，对调查区内地层进行了划分，著有《栖霞山及龙潭地质考察纪略》和《南京龙潭地质指南》。创建了中奥陶统"汤山灰岩"，下石炭统"金陵灰岩""高骊山系"和"和州灰岩"，中石炭统"黄龙灰岩"，三叠系"范家塘煤系"，侏罗系"象山层"等地层单位名称，这些名称大都沿用至今。

（11）1934年，李毓尧、李捷、朱森对南京钟山、宁镇山脉和茅山山脉做了比较系统的地质调查，于1935年出版《宁镇山脉地质》。该著作是诸多成果之集大成者，比较详细地阐述了宁镇山脉区内的地质概况(地层、构造、造山运动、地文等),成为今天研究宁镇山脉不可多得的宝贵资料。他们创建了许多地层名称,如汤山组、汤头组、仑山组、茅山组、栖霞组、龙潭组、象山群、浦口组、雨花台组、下蜀组以及南象运动、茅山运动等,其中不少已成为全国通用地层组名。他们所填地质图的精确度,今天看来仍令人叹为观止。

2. 对南京及其周边开展的矿产勘探

比较著名的成果有:

(1)1935 年,谢家荣、程裕淇、孙建初、陈恺等对宁镇、宁芜地区的矿产地质作了详细研究,发表《扬子江下游铁矿志》。

(2)1948 年,谢家荣发现了南京栖霞山铅锌矿。

在矿产勘探中矿产的品质和技术经济性也备受关注。较为典型的例子是王琎《江苏凤凰山铁矿之化学成分》[①](1925 年)一文,对于凤凰山铁矿是否值得开采进行了详尽而科学的分析。江宁凤凰山蕴藏丰富的赤铁矿,因其矿石"色彩鲜艳,美如凤羽"而得凤凰之名。王琎对其化学成分进行了精确分析,认为"所含杂质颇多"。他进而将凤凰山铁矿与国内其他铁矿作了对比分析:"宣化之铁矿,其含铁在 55.7% 左右。山西诸铁矿,其含铁亦在 58.9% 左右。而凤凰山矿含铁乃在 47.83% 左右,以之炼铁,未免有损经济。加以其中含硫殊高,第二表中第十一号矿砂其不溶于酸之

---

① 王琎. 江苏凤凰山铁矿之化学成分 [M]// 科学的南京. 中国科学社,1932.

部分,几占全量之半,其三氧化硫之高,则为 10.20%。"结论是"就凤凰山铁矿之性质与数量言,皆不得谓之优矿","铁矿之类此者,无炼铁之价值"。综合考虑经济技术条件,王珏的建议是暂缓开采,"以吾国目前冶铁之情形观之,则距其可利用时期,尚甚辽远也",立论甚为公允。新中国成立后,南京凤凰山铁矿使用机械化开采,已于 20 世纪 90 年代初停产。至于原因,几与王珏当年的分析一致:"凤凰山铁矿矿石以赤铁矿为主,矿床的矿石中 TFe 42.7%, $SiO_2$ 14.5%, S 0.558%, P 0.416%";由于"精矿品位达不到要求,P、S 等有害元素含量高而被迫停产"。[①]

### 三、《南京市及江宁县地质报告》
#### ——1949 年以前南京地质调查的阶段性总结

南京是我国早期地质研究的摇篮,不仅中国地质学研究的三大主要机构( 中央研究院地质研究所、经济部中央地质调查所和资源委员会矿产测勘处 )聚集南京,中央大学的地质学科也源远流长,是当时国内地质教育和科研的重镇,其教职人员与三大研究机构水乳交融,李四光、谢家荣、朱森、俞建章、李春昱等"大咖"都曾任职或任教于中央大学。中央大学地质系对南京地质做了许多本土化研究,《南京市及江宁县地质报告》即是其代表性成果之一。

如果套用今天的观点,《南京市及江宁县地质报告》是"政产学研"相结合的产物。"地质科学的源泉在野外",于中

---

① 陈小华.南京地区梅山、凤凰山铁矿尾矿利用探讨 [J].江苏地质,2000 ( 03 ):181–183.

央大学地质系的教学与科研而言,野外实习不仅是人才培养不可或缺的重要环节,也是教师跻身学术前沿的津梁。但是中央大学的办学经费常有捉襟见肘之虞,地质教育的野外实习必然得不到充分保证。于南京市而言,时值国民政府定都南京后的"黄金十年",南京的经济社会发展迎来新的契机。经济发展和首都建设离不开产业支撑,寻找可以开采和利用的矿产资源就成为各级政府的职责所在。循着双方合作共赢的原则,当时的江宁县政府与中央大学地质系展开了良好的合作。项目内容是就南京附近及江宁县全境地质调查,项目经费是 2000 元,其中江宁县政府与中央大学地质系各承担 1000 元。项目于 1934 年春启动,于 1936 年夏大致完成。眼看收工在即,不期中央大学地质系人员变动,加之稿件整理与绘图又需要时间,至 1937 年上半年才完成全部工作。但是又因抗日战争的全面爆发,中央大学在战火中西迁,调查报告最终未能如期付梓。南京解放后,当年的国立中央大学更名为国立南京大学,学校事业百废待举,当年参与地质调查的教师希望将调查报告付印,以惠泽教学。此事得到了时任校务委员会主席潘菽和南京市军管会高等教育处的支持,调查组 10 多年前爬山涉水的辛劳和孜孜以求写成的报告才得以以内部资料的形式变成铅字。美中不足的是,由于经费有限,调查组精心绘制的一张五色地质图未能收录,以致我们今天不能直观地看到当年调查组的成果,实属憾事!

当年的南京市及江宁县地质调查项目距今已近 90 年,

今天我们回望《南京市及江宁县地质报告》，仍可发现该项目的诸多可取之处。

一是体现"全"。国民政府定都南京后，改江宁县主城部分为南京市，该项目所涉"南京市"虽然不是今南京市域，但是当时的"南京市及江宁县"实际上覆盖了今南京市域长江以南的大部分地区，在调查中对今南京市域长江以北地区和镇江市域也有涉及，因此即使从地域来看此次地质调查仍可当得起"全"。从南京地质历史研究角度，《南京市及江宁县地质报告》全面总结了 1949 年以前南京地质调查的成果，李四光、谢家荣、朱森、李毓尧等人关于南京的地质研究成果均融于其中。另外，虽然行政区划随着时间会产生很大的变化，但作为地理或者地质单元，则是相对稳定的。本调查涉及了南京及其周边的全部地质地貌特征。

二是突出"矿"。该调查的主要参与人、时任中央大学地质系主任郑厚怀早年曾接受世界著名矿床学家、麻省理工学院林格伦( W. Lindgren )教授的指导[1]，是我国矿床学的奠基人。《南京市及江宁县地质报告》第四篇"经济地质"即由领衔郑厚怀编制( 1937 年春郑厚怀因病去世后由袁见齐继续完成 )，对南京的金属矿藏( 铁矿和铜矿 )和非金属矿藏( 煤、磨石、石灰岩、砖瓦事业 )作了全面细致的梳理，不仅响应了当时的首都建设，而且在相当长的时期内对南京矿产开采发挥了指导作用。我国两所著名大学的地质系素有"北

---

① 王德滋.南京大学地球科学系史 [M].南京：南京大学出版社，2002:9.

古南矿"之称——北京大学以培养古生物学家见长,而南京大学以造就矿床、岩石矿物学家而闻名,盖《南京市及江宁县地质报告》是其重要的一块奠基石。

三是科学求"真"。一个典型的例子是其关于紫金山何以称"紫"金山的地质学分析。紫金山之"紫"较早的记载,见于东晋庾阐《杨都赋》注:"建康宫北十里有蒋山,舆地图谓之钟山。元皇帝渡江之年,望气者云,蒋山上有紫云,时时晨见。"[①]《南京市及江宁县地质报告》则科学客观地分析了紫金山岩层中的"紫"元素,笔者将其观点扼要归纳如下:构成紫金山的地层,时代最老的是三叠纪黄马青砂页岩。在此层之上为下侏罗纪象山层。出露在紫金山顶部的是象山层中的下部石英砾岩,由白色圆形石英砾硅质胶结而成。石英砾岩之上,依次为石英砂岩、长石砂岩及砂页岩,概出露在紫金山的南坡。出露在紫金山北坡的,位于侏罗纪石英砾岩之下的是三叠纪黄马青系中的紫色页岩。紫金山便是由坚硬的石英砾岩构成顶脊的单面山。从地质学角度,紫金山这一名称应与出露在紫金山北坡的紫色页岩联系在一起。《杨都赋》注所称之"紫云",实即紫金山北坡出露的紫色页岩在阳光照耀下反射成的紫红色光芒。

另外,作者队伍之"强"保证了本报告的权威性。本报告署名作者分别为朱庭祜、李学清、郑厚怀、汤克成、袁见齐、孙鼐,朱庭祜、李学清、郑厚怀时任教授,汤克成、袁见

---

① 欧阳询撰,汪绍楹校.艺文类聚·卷七·山部上·钟山 [M].北京:中华书局,1965:136.

齐、孙鼐时任助教,这支队伍既聚集了当时中央大学地质系的一流师资,也是一个融洽的师生组合,他们爬坡攀崖、趟溪穿林,在看似寻常的岩石中探索地球奥秘,在荒野深处"寻宝探金"。尽管岁月流逝,山河巨变,他们的群像仍然是中国地质科学发展史上一幅清晰的剪影。署名居首者朱庭祜,1913年考入北洋政府工商部地质研究所,受教于中国地质事业创始人和奠基人章鸿钊、丁文江、翁文灏等,于1916年毕业。该所初招33人,到结业时,只有18人拿到毕业文凭,这18人是中国自己培养的地质学家,史称中国地质科学"十八罗汉",朱庭祜便是其中之一。[①] 朱庭祜职业生涯丰富,曾在北京、浙江、云南、两广、安徽、江苏、重庆、贵州和台湾等地任职工作,或孜孜于勘查矿藏,选择水坝坝址,或兢兢于教坛,培育人才,足迹踏遍大江南北。1933年秋至1935年秋,朱庭祜任教于中央大学地质系。期间培养学生的实践能力是朱庭祜特别注重的,他"十分注意对学生的实际锻炼,经常带领学生赴各地矿区实习考察,以提高他们的实际工作能力"。[②] 李学清时任系主任,是朱庭祜的同学,此次地质调查就是在他的领导下举全系之力开展的。李学清1916年毕业于工商部地质研究所,亦为"十八罗汉"之一。他1929年起任教于中央大学地学系,他在作育人

---

① 潘云唐.老一辈地质学家的典范——纪念朱庭祜先生诞辰120周年[C]//浙江省地质学会.纪念地质学家朱庭祜先生诞辰120周年——浙江省地质学会2015年学术年会论文集,2015:3.

② 朱庭祜,周世林.我的地质生涯[J].中国科技史杂志,2012,33(04):397-432,394,523.

才上以严苛著称,譬如要求学生对一二百种矿物的分子量要背到小数点后两位,绝无通融余地。这种做法看似不近人情,却在中央大学传为佳话,也为地质系学子所铭记。[1]

郑厚怀是我国地质学界获得哈佛大学博士学位的第一人,1927年回国,连续担任第四中山大学、江苏大学、中央大学地学系教授,主讲矿物学和矿床学,直至1937年英年早逝。他在中央大学辛勤耕耘十年,为我国的矿床学奠定了坚实的基础。汤克成、袁见齐、孙鼐都曾受教于李学清和郑厚怀。汤克成1929年毕业于中央大学地学系,是中央大学地学系成立后的第一届毕业生。他毕业后留校任助教,直至抗战。其间多次参加野外调查,1935年4月他随郑厚怀教授带领毕业班学生调查了湖北大冶铁矿,并合著了《湖北鄂城西雷二山铁矿之成因》及《湖北大冶铁矿矿物结合及成因》两文,备受称赞。汤克成地质生涯中最为人称道的业绩是他是攀枝花铁矿勘查的先驱者,他撰写的《西康省盐边县攀枝花及倒马坎铁矿地质报告》(1942)对矿床成因论证较详,最后肯定其属于"岩浆分异矿床",并认为"总储量实为可观"。[2]袁见齐1924年考入国立东南大学物理系,选读地学通论和矿物学,后转入地学系地质学专业。1929年他成为中央大学地学系成立后的第一届毕业生,并留校任教,担任郑厚怀教授的助教。在郑厚怀的指导下,1934年他率先在我国地质学教学中开设矿相学课程(作为矿床学实

① 王德滋. 南京大学地球科学系史 [M]. 南京:南京大学出版社,2002:17.
② 殷维翰. 纪念汤克成先生九十诞辰 [J]. 地球,1990,(05):2-3.

习课的一部分）。在此次南京市及江宁县地质调查中，郑厚怀教授的言传身教更使袁见齐获益良多，师生二人还以调查中的部分成果合作发表了《江苏江宁县獾子洞成矿作用》（1936）一文。该文运用矿相学方法系统研究矿石物质成分和结构构造，从而得出矿床成因。袁见齐后来成长为我国著名的矿床地质学家，并创立了具有我国地质特色的钾盐成矿理论学派。[①] 孙鼐 1933 年毕业于中央大学地质系，即留校任教。他长期致力于岩石学研究，特别是对华南花岗岩和闽浙沿海火成岩的研究卓有开创性之建树，被认为是我国火成岩学研究的奠基人之一。[②]1936 年，孙鼐以此次地质调查的部分成果为基础，发表了《江宁县及其附近土壤简报》一文。总之，《南京市及江宁县地质报告》是第一部以地质学理论系统扫描南京前世今生的科学著作。

笔者近年来致力于南京科学文献的搜寻与收藏，为南京应享有"科学之都"之誉鼓与呼。2017 年春天，笔者在文献拍卖市场偶遇这册《南京市及江宁县地质报告》，认为它是南京现代科学史上不可多得的实物证据，于是以不菲的价格竞得，几年来亦常常摩挲研习。2023 年春，南京出版社社长卢海鸣先生见访，叙谈间笔者以该文献相示，他立刻以资深出版家的卓识认识到该文献的科学价值。不久，海鸣先生就将《南京市及江宁县地质报告》纳入"南京稀见文献

---

① 殷维翰.序一 [M]// 袁见齐.袁见齐教授盐矿地质论文选集.北京：学苑出版社，1989.

② 赵连泽.孙鼐教授传略 // 孙鼐教授纪念文集 [C].南京：南京大学出版社，2011:3–11.

丛刊",加以整理出版,并嘱笔者写一篇文字以作导读。笔者之于地质科学自然是门外汉,只能写一些感言,并将南京的地质调查史略作钩沉以充数,谬误之处在所难免,祈望方家正之。

顾金亮

# 第二篇　區域地質

## 第一章　南京市區

　　本區依政治區域劃分則包有全南京市。依地理分佈而言，則北濱大江，凡長江南岸之烏龍山，燕子磯，幕府山，慕子山，以及江心之八卦洲，江心洲，皆屬之。東側則北起烏龍山，向南經堯化門，仙鶴觀，麒麟門，復折而西南，經蒼波門，上坊門，迄大勝關，而止於江。中部則包有堯北山門及和平門間之鍾山，中山門外之鎖山，城內之富貴山，覆舟山，北極閣，清涼山，及南京附郭之雨花台等。依地質構造，復可分成若干帶：（一）楊坊山紅山帶，（二）鍾山天欽山帶，（三）麒麟門帶，（四）烏龍山帶，（五）清涼山雨花台帶，（六）幕府山帶。

　　本區地形之高低，恆隨岩石性質而轉移。凡堅緻不易毀壞之岩石，恆成二三百公尺之高山。若鍾山頂部之石英礫岩，楊坊山頂陽旁一帶之礫岩，幕府山之石灰岩及砂岩，以其性堅緻，恆能抵禦下部之疏鬆岩石，而巍然兀立。麒麟門及櫻珠園一帶之火成岩，成中較之粗粒頑棧，因風化鬆易，每成露平地或成不相連接之邱陵。烏龍山，燕子磯，清涼山及孝陵衛一帶之浦口礫岩，雨花台尖頂門一帶之礫石，或因頑棧不同，或因成分不一，故僅成數十公尺之小山。下蜀粘土，在烏龍山以南，銀孔山以北，以及挹江門及清涼山間，麒麟發達，其他各處，亦零星分佈，每成隄地，覆於其他岩層之上。至江心之八卦洲，江心洲，湖泊之四週，河流之兩側，每有近代冲積層，亦地形之最低部份。玄武湖，莫愁湖，為本區僅有之湖泊，其成因亦有足堪研究者，容待後述。

## 第一節　楊坊山紅山帶

### 一、地層

　　本帶東把楊坊山，西迄紅山，中經剁陽洞，北及堯化門後之銀孔山。地層之分佈，則銀孔山及楊坊山朝陽洞北坡，供有高家遺層露出。楊坊山剁陽洞及紅山之山背，幾全飲烏桐砂岩所組成。其上覆有金陵石灰岩，栖霞山系，黃龍石灰岩，船山石灰岩，被覆石灰岩。惟龍潭煤系及黃龍石灰岩，迄未發現。只見沿山之南翼，間有侵入岩及角礫石灰岩而已。茲將本帶各層岩石之性質，自下而上略述如後：

　　甲、高家遺層：——高家遺層由下而上可分下之數層：

　　（a）深灰與淺黃砂質頁岩及較鈕砂岩薄層，其深灰色砂頁岩及細緻砂岩，緊硬而變質甚深，出現於銀孔山一帶。

　　（b）暗灰色頁岩，風化後土壤鐸之毒堊，出現的珍珠眼北之小山上。

　　（c）灰綠頁岩，風化鳥每成灰色。出現于珍珠眼的鐵路鐵邁遍。

　　（d）淺黃砂岩，輪廓於楊坊山北之小坡上。與上下層次間，恆被下蜀粘土所掩蓋。

　　（e）紫色及黃色頁岩，恆成互層。出現于楊坊山北麓。

　　乙、烏桐系：——烏桐系由下而上，可分爲下之三層：

　　（a）淺黃白色砂岩，中較。

　　（b）深紫及黃色頁岩，恆成瓦層，性較弱。

　　（c）石英砂岩，內夾圓形石英礫石色白。

　　丙、金陵石灰炭：——色暗灰，稍夾頁岩，在剁嶺洞山中段近山脊處，最爲發達。

　　丁、高麗山系：——紫色砂質頁岩，最爲發達。間與黃色頁岩成瓦層。並夾有灰黃色細粟含雲母之砂岩，其底部間有薄層泥質灰岩。

　　戊、黃龍石灰岩：——灰黃風化石灰岩。無化石。有時鐵化甚深。其集近火成岩處，常再行結晶，而變爲白色大理岩。

　　己、船山石灰岩：——色灰白或灰黃，迄無化石可尋。

，自成一寬展之外斜構造，岩層傾角，不逾二十度。此棲霞石灰岩，掩覆於高驪山系之上，爲一向南逆掩之斷層。斷層面向北傾斜，約八十度左右。斷層面間，有火成岩侵入，東西兩坡尚罕見之。

韓山之構造情形，較欠顯著。斷層北側之外斜構造，以船山石灰岩沿軸心，其東坡且有一部份黃龍石灰岩出露，並與東山之軸相相外斜層相連接，石灰岩之南，有火成岩侵入擬成一東西向之背脊。沿此面南，則露烏桐石英岩。想火成岩分佈之處，即逆掩斷層所經，惟侵蝕已深，地勢低下，露頭不全，故欠明晰耳。

次山及狼山：——次山與狼山地形相連，地質構造亦自成一系統。次山西部爲棲霞石灰岩下部之奧石灰岩，面韓山石灰岩及黃龍石灰岩環繞於四週。此黃龍石灰岩，復向東延長，以達狼山之西北麓。其分佈地域，遂成弧圓形，高驪山系，烏桐石英岩及一部份和州石灰岩，又環抱於其外。地層相斜傾向此臟圓形之心，顯成一東西延長之盆地構造。盆地之西北，烏桐系復自成一軸傾向東之外斜構造，並黃龍，船山，棲霞諾石灰岩，又依次用現於其北坡。

盆地南翼，地層出露不全。存狼山西北麓，亦見高驪山系。面黃龍石灰岩之底部，亦村缺如。顯有斷層存在。佐其地位關打，倒爲赤鳥山逆掩累之向西延長部份。次山南側，地層尚屬完備，惟黃龍石灰岩故下部之砂灰岩，未有出露。高驪山及烏桐系棧角頗陡，與之相接之黃龍石灰岩頃斜約向北及二十度，其即不相符合。且斜視石灰岩中常有破裂之跡，右方剝有斷，其蹟其即。可見此處亦曾斷裂，與赤鳥山逆掩累相御接，惟渗移坡微耳。（見五圖）

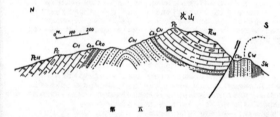

**第 五 圖**

狼山之北，另有小山。大部份爲青龍石灰岩，面龍混煤系附於南側。接於煤系之南者，即爲高驪山系及和州石灰岩。其間亦有一逆掩斷層，將煤系及青龍石灰岩，向南逆掩於高驪山系及和州石灰岩之上。此逆掩斷層，斷層亦屬，與赤鳥山及貧山北坡之逆掩斷層性貫相同，殆係同時期之產物。

次山：——次山露於其最高之山。大部份爲烏桐石灰岩所組成，而赤窯邊層及各種石灰岩，分列於南北兩坡。烏桐石英岩中，復自成褶曲數次（見第六圖），而尤以次山最高寨之外斜層，局勢最大，故軸間有高崇邊層出露。此外斜層向北傾側，軸部呈向西傾下。若沿山背西行至大石碑附近，即見烏桐系，金陵石灰岩及和驪山系，順次顯伏，而代之以黃龍石灰岩，至山之西端，黃龍石灰岩又掩掩於船山石灰岩之下。沿岩西西，爲五黃山岩之小山，外斜構造仍頗呼顯，而造山岩石，金驪樓霞石灰岩。山此以四，情形不顯，恐奠于山之青龍石灰岩中，亦其側斜之外斜構造，寬亦奧此隔相連接。此外斜部之重層沿橫斷層所側，斷層以東，即次山坡之外斜，軸向東傾。與次山相反。就覆全局，故次山外斜，軸部兩端傾下，實呈假弓之狀。（第六圖）

接於此外斜之南者，爲一內斜约造。次山南部，地層單純，所見不明。迨至四水大石碑以南，因層曲軸之傾下，面有石炭二疊紀之石灰岩出露，內斜構造，逐漸清晰。此內斜陷延面至青龍出車，京沉鐵道所經之谷，應露此內斜之軸部。迨地勢低下，無岩石露頭，然兩旁棲霞石灰岩，遠成對傾之勢。即可見其概概。（第七圖）

# 引 言

　　南京地质调查,始于德人李希霍芬(Richthofen),其后洛采(Loczy)及日人石井八万次郎,亦先后来华,调查地质,然此三人调查之范围甚广,行程甚速,遗漏错误时有所见。民国元年,奠都南京,实业部即有地质科之设立,而筹备专馆,广造人材,大规模研究之计划,亦次第实行。不久政府北迁,地质之研究亦遂以北京为重心。民国八年丁文江先生著《扬子江下游地质》一书,内言南京地质较详,嗣后于民国九年至十一年,江苏实业厅聘刘季辰、赵汝钧两先生调查江苏全省地质矿产,继以农商部地质调查所派瑞典人安特生、丁格兰等开发江宁秣陵关、静龙山等处铁矿。其后局部调查,时有举行,如谢家荣先生之于南京钟山地质及南京井水之供给,张更先生之于汤山及雨花台地质,李学清先生之于钟山火成岩,均先后著有专文。民国十六年,中央研究院地质研究所成立后,派李捷、李毓尧、朱森三先生研究宁镇山脉地质,于地质与构造方面,颇多发现与改进。叶良辅、喻德渊二先生之于宁镇间之火成岩,作有系统之研究,均刊有专书,为地质刊物中之精细巨著。

　　本校地质系,成立有年,以经济之不足,课务之忙碌,不能常至野外工作,稍具贡献,实以为憾。二十二年秋,江宁自治县对于辖境之土壤及地质二项,欲有所调查。爰于是年冬拟具计划,调查南京附近及江宁县全境地质,利用星期及休假日,作为调查时间,期以两年完成。调查费定二千元,由江宁县与前中央大学各任一千元,于二十三年春即开始调查,于二十五年夏大致完成。其间因本系人员略有更动,致完成之日,迟延半载,中间又经绘图及整理稿件,于二十六年上半年,悉已完毕,即可付印,又值中日战争,学校西迁,印刷困难,是于一再迟延直至南京解放(一九四九年)后,再将稿件商诸南京大学校务委员会主席潘菽先生,承蒙赞同,转呈南京市军管会高等教育处,而高等教育处迅即批准拨款付印,十余年未了之心愿,得以实现,毋任愉快。五色地质图一张,再将设法付印,照相版等因费用太贵,悉行除弃。

本报告之调查人,有教授李学清、朱庭祜,助教袁见齐、汤克成、孙鼐等五人。为便于调查起见,将调查面积划分为四区:(一)南京市区由汤克成担任(其中幕府山一带地质,为朱庭祜、袁见齐调查)。(二)江宁县东北区由袁见齐担任。(三)江宁县中区由李学清、孙鼐担任。(四)江宁县南区由朱庭祜担任。后朱庭祜赴贵州任省政府委员,改由袁见齐担任。教授郑厚怀后亦参加调查,担任经济地质部份。分区调查,已如上述,有时因事实上之需要,各人得互至其地,以资讨论。

本报告之编制共分四篇,篇之下分章,章之下分节。第一篇为地质概论,为李学清、袁见齐编制。第二篇为区域地质,由各区调查人编制。第三篇为火成岩,由李学清编制。第四篇经济地质,由郑厚怀、袁见齐编制。不幸郑厚怀因病逝世,由袁见齐继续完成,其中工业一部份,如制砖及烧灰等,由孙鼐担任。本报告之末,有附录二:(一)《雨花台砾石层之商讨》为李学清所作。(二)《江宁县之土壤》为孙鼐所著。各人所主编之稿件完成后,由李学清任总编纂,排列次序,及编制目录等。

报告中所用地层之名称,分类之方法及各种符号等,为便于比较起见,均与中央研究院地质研究所所用者相仿,因更名立异,徒增纷乱,向为本系同人所不取也。

报告中之插图,由蒋志超先生绘画,化石由孙定一先生鉴定,中央研究院地质研究所诸先生常供学术上之商讨,特此志谢。

国立南京大学地质学系

朱庭祜　李学清　郑厚怀

汤克成　袁见齐　孙　鼐

# 目　录

南京市及江宁县地质报告勘误表

# 第一篇　地质概论

## 第一章　地层

江宁县境内之地层尚称完备,除太古、元古两界岩层,未有出露外,自奥陶纪以后均有完善之地层。大致古生代地层,海相居多,侏罗纪后,几全为陆相。兹将各时期之地层,叙述如下:

### 第一节　奥陶纪

#### 一、仑山石灰岩　下奥陶记

分布:仑山石灰岩,以首见于镇江西南之仑山故名。县境以内,分布不广,东北向汤山为此层发育最佳之处。成一穹状构造,略具东西之延长,四周俱为较新之岩层所环绕。又在首都北郊之幕府山,亦为此层分布之处,成一背斜构造。狮子山亦有仑山石灰岩之露头。

岩层:岩石全部为石灰岩,矽质及镁质甚富。其在幕府山者,含镁达百分之十七。其中部含有燧石,成美丽之结核体,或且成层,夹于石灰岩间,长有达十余公尺者。下部含铁质较多,或成鲜红色,汤山之朱砂洞及幕府山之红砂洞皆是也。全部岩石多成厚层。色顶部较深,中下部则多为灰白色。在幕府山北坡,有呈鲕状构造者,性甚坚强。故幕府山及汤山,皆有采取石子,其厚度因出露不全,不易测算,大约在二百公尺以上。

### 二、汤山石灰岩　中奥陶纪

分布:汤山石灰岩,为最近中央研究院地质研究所所分出者,层位在仑山石灰岩之上,相互整合。分布区域:汤山之麓东南侧,为断层所切外,其余三面坡间均有出露。

岩层:大部为薄层泥质灰岩,呈灰色。层厚自数公分以至数公寸不等,层次清晰。底部为矽质岩层,性甚坚固,与仑山石灰岩极易分别。在矽质岩层之上,有页岩,色白或浅黄。全层厚度,在汤山者,约二十公尺。

## 第二节　志留纪

### 高家边层　下志留纪

分布:此层在调查境内,分布甚广,与汤山石灰岩间为一假整合,二者常相毗邻。县境东北汤山背斜层自汤水镇向西南延长,在汤山一带,以奥陶纪地层为此背斜层之脊,故高家边层分为二支,及汤山西端奥陶纪地层渐次下倾,不复出露,高家边层乃自为背斜层之脊,而南北两露头遂合而为一。由此而西南以至淳化镇附近,皆为此系之所在。惟背斜层局势向西南渐见狭促,故此层露头亦不若东部之广大。此外幕府山等处,仅见零星散布而已。

岩层:本层以页岩为主,砂岩则多见于其顶部,其色大多黄绿,惟下部有黑色者。在幕府山南铁石岗所见,则其顶部呈紫红色,此又其局部之变相也。该层之下部含笔石化石。

## 第三节　石炭纪

### 一、乌桐系　下石炭纪

分布：乌桐系位在高家边层之上，中无不整合之迹，分布甚广。东境自九华山迤西经棘山、狼山、尖山、空山，由此折而南，为青龙山、黄龙山，以止于淳化镇附近。另一支位在汤山以南，组成大连山脉，此外零落散布亦殊不少，如栖霞山、幕府山以及钟山东北之仙鹤观等山，亦均为其分布之迹。

岩层：下部与高家边层相接处，为砂岩色红黄。李毓尧氏在茅山一带，曾将此层另行定名为茅山砂岩。惟本区内为量甚微，且无化石足以证明，其地质时代，似无另立名目之必要。砂岩之上，为石英岩，呈白色，其底部常有石英质砾岩一层。厚数公寸，砾皆浑圆，直径从数公厘以至数公分，而以一公分至二公分之间者为最常见。此石英岩之上，为石英质砂岩，性略松软。更上复为石英岩，因含铁质，风化后多呈紫色。其最上部分，则又为砂岩及砂质页岩，中含下石炭纪植物化石。在江宁县境绝少佳者，不易鉴定。但宜兴、无锡等处，曾获得保存极佳之化石，故此系之属下石炭纪，已无可疑。全系厚度，约在二百四十公尺至三百公尺。

### 二、金陵石灰岩　下石炭纪

分布：此层位于乌桐系之上，露头断续不全。县境以内坟头附近之青龙山及多子山顶，均有出露，银凤山南麓，佘村西北，青龙山之近顶部及老虎洞附近，亦有一较长之露头。而在侯家塘村北，空山西侧，出露尤佳。

岩层：此层最厚处，不过十公尺，为深灰色之不纯石灰岩。下部质细而坚，极易辨认，中含腕足类化石甚多。

### 三、高骊山系　下石炭纪

分布：高骊山系之分布情形，常与前述之金陵石灰岩相类似，故金陵石灰岩分布之处，亦皆有此系之存在。如坟头鹦哥凹之山上路侧，亦有此系出露。又在钟山东北之仙鹤观，此系发育较佳，远望山间紫红色之露头皆此系之所在。

岩层：此系以页岩及砂质页岩为主，中夹灰质页岩。惟调查区域以内，灰质页岩甚少，而仙鹤观一带，则紫色页岩发育最佳，厚度达三十五公尺，其在银凤山等处者不过一二十公尺而已。此系含有腕足类化石及植物化石。

### 四、黄龙石灰岩　中石炭纪

分布：黄龙石灰岩之下，高骊山系之上，本有不纯石灰岩一层，即所谓和州石灰岩是也。惟在调查境内，和州石灰岩尚无发现，故略之。黄龙石灰岩之分布甚广，每与乌桐系为邻，故汤山背斜层之两翼，皆为此种石灰岩分布之区。计东起句容境之九华山、观山，迤西经狼山、次山、空山，至坟头村折而西南，为青龙山、黄龙山及大连山附近，皆有此黄龙石灰岩之分布。惟赤燕山及棘山，因逆掩断层所在，致未出露。汤山背斜层之南翼，银凤山、西山皆有黄龙石灰岩之露头。而西山之顶，因断层作用，致使黄龙石灰岩耸为悬崖，故又有半面山之称。此境濒江，如幕府山、栖霞山等，均有黄龙石灰岩，惟构造复杂，露头零乱，不如汤山背斜层两翼之井然有序也。介乎其间者，西起和平门之红山，经朝阳洞、仙鹤观，而东达羊山、后头山,亦均有黄龙石灰岩之露头。惟适当逆掩断层线,故变质较深,化石甚尠,不易辨识耳。

岩层:黄龙石灰岩为质细性脆之纯石灰岩,色灰白而微红。底部约三公尺,富含矽质,性亦坚硬,露头呈灰绿色或深黑色,最易辨认。其余部份均呈灰白色,层次甚厚,性质纯净,含有有孔虫及腕足类化石甚多,全层总厚约八十公尺。

# 第四节　二叠纪

## 一、船山石灰岩　下二叠纪

分布:黄龙石灰岩之顶,时有一风化面可见,其上即所谓船山石灰岩者是也,盖二者之间,曾经侵蚀之期,致使上石炭纪地层付诸厥如。惟二者之间,层面完全平行,故其分布之处,常相依傍,凡黄龙石灰岩出露之处,必有船山石灰岩随之,惟若干特殊地域,如空山西南及大石碑之南,则因有逆掩断层,致使船山石灰岩不复出露。至若栖霞山中,则亦因断层甚多,故船山石灰岩之露头,亦遂散乱而少出露也。

岩层:船山石灰岩下部亦呈灰白色,与黄龙石灰岩酷相类似。惟其质不若黄龙石灰岩之纯净,中部有球状构造,径约一公分左右,是为其特具之点,易资辨认。至其顶部,则渐变为灰色而与栖霞石灰岩相接,其界限殊不分明。船山石灰岩,含纺锤虫化石甚多。全层总厚约二十五公尺。

## 二、栖霞石灰岩　下二叠纪

分布:栖霞石灰岩之分布甚广,大致黄龙及船山石灰岩所在之处,栖霞石灰岩亦随之。汤山背斜层之两翼,分布最广。他如栖霞山、幕府山、淳化镇附近等处,亦多此层之出露。而栖霞山南坡三茅宫下,尤为此层得名之地。此外在幕府山南麓,亦有栖霞石灰岩之露头。

岩层:栖霞石灰岩中,依李四光先生之研究,可分为若干层。下部为臭石灰岩,色黑质杂,且具特殊臭味。其上为黑色不纯灰岩,含多量燧石结核。上乃为黑色之石灰岩,含燧石甚多。珊瑚及腕足类化石,盛产于此。昔日视为栖霞石灰岩之标准层者殆即指此。顶部亦为含燧石层结核之不纯灰岩,中含化石。全层厚度,约一百二十公尺。

### 三、龙潭煤系　中二叠纪

分布:汤山背斜层之北冀,此系分布最广。计东起县境观山附近,至坟头折而西南,以达淳化镇附近,长达二十余公里,因石质较上下之石灰岩为松软,故成低谷,地形上亦易辨识。幕府山亦有此系之露头,长亦达数公里。此外林山北麓,亦有龙潭煤系出露于逆掩断层面下,则其局势更小矣。

岩屑:煤系岩石,以砂岩及页岩为主,呈黄色或灰色。上部夹煤层二,厚薄不均,俗谓之鸡窝煤。质为半无烟煤,少开采价值。煤层附近之黑页岩内,产大羊齿类化石甚多。腕足类化石,亦不少。其间夹石灰岩一层,最大厚度,不过二公尺,含腕足类等化石。全层总厚,约一百公尺。

## 第五节　三叠纪

### 一、青龙石灰岩

分布:龙潭煤系之上,为青龙石灰岩,其分布区域与煤系相邻。汤山背斜层之北翼此层分布颇多。仙鹤门附近,迤东经林山而至龙王山,青龙石灰岩成一背斜层,长达十公里。又幕府山东部,五家山一带,则成向斜层。淳化镇附近,青龙石灰岩分布,在背斜层之两翼。他如麒麟门北,仅有狭小露头,点缀于火成岩与下蜀系之间。

岩层:此层以石灰岩为主,下部与龙潭系相接处,为钙质页岩,层次甚薄,不及一公分,色淡灰。中部层次较厚,有达一公寸者,色亦较深。颇易挠曲,故常有微小之背斜层与向斜层也。顶部则为石灰角砾岩,胶合物亦为灰质,色略红。在林山一带,大连山南,清凉庵附近及娘娘凹等处,此层分布最广。橙子山西麓,亦有出露。大概青龙石灰岩沉积之后期,此间地壳曾略有上升,致顶上灰岩破裂成块,因成角砾岩。查宜兴张渚附近之青龙石灰岩顶部,为纯白洁净之厚层石灰岩,而江宁县境内则代之以角砾岩,两地情形之不同,于此可见。全部厚度约六百公尺,其中化石极少,最近计荣森等,于其下部获菊石化石。[①]

## 二、黄马页岩

分布:青龙石灰岩之上,为黄马系紫红色页岩,与青龙石灰岩成不整合之接触。分布之处,自以钟山北坡为最发达,县境以内,以淳化镇西北之窦村附近为最广。东接青龙山之青龙石灰岩,西位于象山层石英岩及砾岩之下,由此迤北,经西村附近,以达东流镇之小山,均有其露头。

---

① 地质学会会志第十六卷丁文江先生纪念册。

岩层:黄马系之底部,与石灰岩相接之处,为钙质页岩。其上则为页岩,间夹矽岩,色皆紫红。上部为秽灰泥页砂岩,夹灰黄页岩。全系厚度,在窦村附近,约七百公尺。

## 第六节　侏罗纪

**象山层　下侏罗纪**

分布:黄马页岩与象山层之间,在钟山等处,似相整合,故以前论者均合二者而言之,名曰钟山层。然在若干地带,二者之间,实不整合。如南象山东南坡之象山层,即直接掩覆于栖霞石灰岩之上,故自当为另一地层单位。象山层分布之区甚广,尤以栖霞山迤南一带,全为此层之所在。县境中部与西南一带,除火成岩外,亦皆属此层。此外钟山南坡,及南郊东部各地,出露亦多,而尤以县东南境,西横山一带,出露最全。

岩层:岩层以出露于钟山者为最佳。下部矽质砾岩,中部石英岩,上部砂岩及页岩,色多灰黄。出露于南乡者,则有粗砾岩及砂岩。其中砾石,多为石灰岩。层位似在钟山所见者之上。两处厚度共计约八百公尺。

## 第七节　白垩纪

**建德系　下白垩纪**

建德系岩层,在江宁县之中与南二区,甚为发育。大部为喷出岩,详见火成岩篇。

# 第八节　第三纪

## 一、浦口层　老第三纪

分布：浦口层之分布，在扬子江滨者，西起燕子矶，东迄栖霞山附近，成一长带。因江流冲激，顿成悬崖，高达百尺。此外在钟山南侧之西山、吴王坟、石山等地，城内清凉山至挹江门一带，以及雨花台附近，都有浦口层出露。

岩层：调查区内所见，均为粗粒红色砾岩。砾石以石灰岩、石英岩及斑岩为多，在破门岗所见，几全为斑岩。砾石之大者，有达二公寸。在清凉山附近，其大约六公分。此层之上，为厚层暗赤色砂岩，有愈趋上部其颗粒亦有渐小之趋势也。此层厚度，在浦口所见，约四百余公尺。

## 二、赤山层　第三纪

分布：调查区内所见不多。方山底部及汤山以南欧子桥一带分布较广。南部凤凰山东，牛山坡间及雨花台附近，亦有少许。

岩层：下部含有砾石少许，上部则全为砂岩及砂质页岩，厚约八十公尺，颜色鲜红，数里外即可见之。组织疏松，稍加压力即行破碎。倾斜平坦，大率在十度左右，鲜有达三十度以上者，一望而知为较新之岩层。在方山层次，甚为显明，全向西北倾斜，计其倾角，约在十五度左右。

## 三、雨花岩层　新第三纪

分布：雨花台层不整合于赤山红砂岩之上，其分布以中华门外之雨花台为最著。至方山之中部，亦见类似之岩石，二者是否为同一地层,见附录二雨花台砾石层之商讨。

岩层:此层为砾岩砂岩及泥质砂岩所组成,性极疏松,较赤山层尤甚,其倾斜甚为平缓,约在十度左右。全层厚度,以其出露部份估计之,约有四十公尺。

## 第九节　第四纪

### 下蜀系

分布:下蜀系之分布甚广,调查区域中,除岩石露头及江滨河侧之冲积层外,皆为下蜀系分布之处。惟其量之多寡,似不尽同。南部横溪桥附近,地势平坦,下蜀系分布虽广而厚度不大,故溪边路侧,仍多岩石出露。北向似较厚,最大厚度约二三十公尺,其成因有谓为系风成者。

岩层:下蜀系黏土,昔称之曰黄土。近始知其与北方黄土下部之红土相当,其色多红,暴露较久,始渐变黄。盖受风雨之风化有以致之。中夹石灰质结核,在南部横溪桥西北所见,均甚细小,径约数公厘至一公分不等。

## 第十节　火成岩

在调查境内,火成岩有侵入岩与喷出岩两种。侵入岩有花岗闪长岩、辉长岩及花岗岩等,分布于秣陵关、凤凰山、钟山北坡、蒋庙、陶吴镇之三里塘及麒麟门等处。喷出岩有玄武岩及安山岩等,分布于方山及县境南部。详见火成岩篇。

# 第二章　构造

## 第一节　山脉方向与褶曲

在调查境内,北部多水成岩,南部多火成岩。水成岩之山脉方向为东东北与西西南,至淳化镇与坟头村一带,则转东北与西南。山脉大势,东端紧狭而西端展宽,为数个内斜层与外斜层所造成。至于南部之火成岩山脉,排列无一定之方向,兹将境内所见之外斜层与内斜层述之于后:

### 一、黄龙、大连之外斜层

黄龙、大连之外斜层,可以汤山之仑山石灰岩为中心,成穹地状,略向东西延长,地层向外四周倾斜。其西南则成黄龙、大连诸山,方向转为东北西南,仑山石灰岩已不可见,外斜层之脊易为高家边层,因易风化而现成为山谷。乌桐砂岩,高骊山系,黄龙、船山、栖霞诸石灰岩,龙潭煤系及青龙石灰岩等分布于东南与西北两翼,甚为显然。惟断层众多,地质位置已有移动。汤山北面,空山、次山为此外斜层之西北翼,地层层次,亦各时代均有,惟断层更多,次序错乱。汤山南面则为下蜀系黏土,而缺其黄龙、大连之东南翼,其间当有变迁,否则不克致此。

### 二、射乌山内斜层

射乌山经许巷麒麟门而至沧波门[①],均在内斜层内。在射乌山轴向东西,至五贵山则折而西南。内斜层以象山层为

---

主要岩层,黄马、青龙等层则分列于两翼。黄马页岩或因质松易被侵蚀,有已不复存在者。地层倾向在西北翼者为东南,在东南翼者为西北。惟在麒麟门一带,因火成岩之侵入,致使黄马页岩与象山矽岩,有向东倾斜者,如在东流镇一带所见者是也。

### 三、龙王山之小外斜层

龙王山为青龙石灰岩所成,地层倾向为东南与西北,倾角约二十余度。褶曲轴为东北东与西南西。

### 四、杨坊山、仙鹤观外斜层

杨坊山、仙鹤观之外斜层,因有逆掩断层及断层,其构造不如黄龙、大连外斜层构造之明晰,但以地层分布论,此处当有一外斜层也,轴向东北东与西南西。南翼地层较为完备,如在杨坊山自高家边以至栖霞石灰岩,均有出露。但在丁山所见者仅黄龙石灰岩而已。该处横断断层甚多,地层位置均有移动。此翼因有东西间之逆掩断层,出露者只有侏罗纪之砂岩,其他地层均隐灭不见。

### 五、象山褶曲

象山褶曲南自杨坊山、仙鹤观之逆掩断线起,北至京沪铁路旁。其间有小内外斜层数个,如丁山、西山间之外斜层,乌龟山之内斜层及南象山之外斜层是也。地层倾向:或向西北,或向东南。倾角大小不一,自二十余度至五六十度。褶曲轴之轴向为东偏北。

### 六、栖霞、幕府二山之外斜层

栖霞、幕府二山东西相距约五十里,若以褶曲位置而论,均在外斜层之南翼,其北翼则已无所见。栖霞山地层自高家边层以至象山层,均有出露。幕府山除上述之地层外尚有仑山石灰岩。两地构造均甚复杂,逆掩断层与横断断层,所见甚多。

### 七、钟山之倾斜

钟山地质构造颇形特别,与上所述之内外斜层,似不相连续。地层以黄马页岩与象山砂岩为主。地层倾向,以向南为多。其西如北极阁等处,亦有象山层之露头。细察钟山之位置似为射乌山内斜层之北侧,其所以不相连续者,当在沧波门、黄马等处有一南北向之断层,使钟山向北推移,致与射乌山之北侧隔断。(详南京市区地质)

## 第二节　断层

在调查区域内,所见之断层,大致可分为二种:(一)逆掩断层;(二)正断层。

### 一、逆掩断层

甲、仙鹤观逆掩断层:仙鹤观之逆掩断层,自仙鹤观起,经丁山而至西山。断层线之方向,为东北东与西南西。由南向北,将较古地层逆掩在象山砂岩层之上。

乙、空山逆掩断层:空山在汤山之北,逆掩断层自空山经次山、棘山等,断层线之方向,大致为东北东与西南西,但成弧形,故东端偏向东南东。逆掩断层发生之后,又有横断层,故在次山、狼山等处之逆掩断层线中断。

丙、栖霞山逆掩断层:详见李捷、李毓尧、朱森著《宁镇山脉地质》。

丁、幕府山逆掩断层：详见本报告幕府山地质。

**二、正断层**

甲、横断断层：此种断层走向，与地层倾向相平行。在境内发现甚多，而青龙山一带情形尤显。其推移方向，多为水平，故又可称之曰侧冲断层（tear fault）。此种断层，依其发生之先后，约可分为三期：（1）发生于逆掩断层之前者；（2）发生于逆掩断层之后者。常将逆掩断层线切断，如尖山、次山所见者是；（3）发生于走向断层之后者，如栖霞山与乌龙山间及燕子矶西所得者皆切断于浦口层中，为第三纪之产物。

乙、走向断层：境内所见不多。其最著者当推沿江大断层。此断层在县境以内者，东起栖霞山西迄幕府山。临江危崖，壁立百尺，颇易辨认。察其发生时期，似亦在浦口层沉积之后。

依上述结果，可将各种断层发生之次序及其时期，分别如下：

A 构断断层（第一期）　赫尔辛期（Hercynian）

B 逆掩断层　燕山期 A 幕

C 横断断层（第二期）　燕山期 A 幕或 B 幕

D 走向断层　茅山期 A 幕

E 横断断层（第三期）　茅山期

## 第三节　造山运动

江宁境内地层，受造山运动之情形，既多且显。惟造山作用,前后相重。其历时悠远者,遂多湮没而无所见。然地层间之关系,一经造成,决不能全部毁灭,若详加考察,固仍凿凿有据也。

溯江宁县境之地质构造史,固不能及于奥陶纪以前,盖境内本无此岩层也。奥陶纪后,首见泥盆纪之缺失,石炭纪前之地壳升降运动,已无疑义,即所谓克勒东( Caledonian )期之运动也。其后在石炭纪及二叠纪岩层中,侵蚀之迹,屡见不鲜。赫尔辛( Hercynian )期之造山运动亦可确认,且其运动之猛烈,实有过于克勒东期。

至中生代,黄马系与青龙灰岩之间,显非继续沉积者( 金子运动 ),惟此二种地层之接触关系,极少暴露,故其间是否有褶曲或断层作用,抑仅为平缓之升降,仍难决定。

黄马系与象山层之间,为一显著之不整合,是为南象运动。惟此不整之情形,各处不尽相同。其在南象山者,象山层径覆于栖霞石灰岩之上,为角度相差甚大之不整合。而其在钟山等处,则除明显之底部砾岩外,层面间之关系几无不整合之证。更考此二种不同地域间,似以羊山、仙鹤观之断层线为界。此断层线之产生,远在象山层沉积之后,当不能为其分界之主因。意者当象山层沉积之先,羊山、仙鹤观一带,已成一外斜构造,在地理上及地质上,均为一界脊,因造成象山层南北之异。其后更因燕山期造山运动之压挤,此外斜构造卒成一巨大之逆掩断层,此界脊遂因而逐渐消灭。

燕山运动 A 幕为此间造山运动之主期,境内各山之褶曲,均发生于象山层沉积之后。紧随此褶曲作用而发生者为逆掩断层及横断层。其表显之状虽异，而原因则同。至若燕山运动 B 幕之作用，则仅于县境西南建德层之微缓褶曲中见之，东北一隅极少确据，有之亦不过依 A 幕之方向，略加增强而已。

茅山运动，为李毓尧先生最近所命名者，当第三纪初，与阿尔卑期( Alpine )相当。境内所见，仅为走向断层及横断断层。逆掩情形，尚无确证。AB 二幕之分，亦非易事。若就李毓尧先生在茅山所见者比较之，则境内所见，多属 A 幕，B 幕情形，则仅见岩层倾侧而已。

要言之，境内之造山运动，始于克勒东期，盛于燕山 A 期，而终于茅山 B 幕。惟运动之发生前后相望，后者之拥挤既烈，前者之结果遂泯，故燕山期以前之运动结果，每晦不显。至若茅山运动，影响殊不深切，仅属余波而已。唯有足注意者，无论何期所造成之褶曲方向，大致一致，可见压力之来，前后相符，此当亦非偶然事也。

# 第二篇　区域地质

## 第一章　南京市区

本区依政治区域划分则包有全南京市。依地理分布而言,则北滨大江,凡长江南岸之乌龙山、燕子矶、幕府山、狮子山以及江心之八卦洲、江心洲皆属之。东侧则北起乌龙山,向南经尧化门、仙鹤镇、麒麟门,复折而西南,经沧波门、上坊门,逾大胜关而止于江。中部则包有尧化门及和平门间之群山,中山门外之钟山,城内之富贵山、覆舟山、北极阁、清凉山及南京附郭之雨花台等。依地质构造,复可分成若干带:(一)杨坊山、红山带;(二)钟山、天钦山带;(三)麒麟门带;(四)乌龙山带;(五)清凉山、雨花台带;(六)幕府山带。

本区地形之高低,恒随岩石性质为转移。凡坚致不易毁坏之岩石,恒成二三百公尺之高山。若钟山顶部之石英砾岩,杨坊山、朝阳洞一带之砂岩,幕府山之石灰岩及砂岩,以岩性坚强,恒能屏蔽下部之疏松岩层,而巍然卓立。麒麟门及樱桃园一带之火成岩,成中粒或粗粒组织,因风化较易,每夷为平地或成不相连续之丘陵。乌龙山、燕子矶、清凉山及孝陵卫一带之浦口砾岩,雨花台、安德门一带之砾石,或因胶结不固,或因成分不一,故仅成数十公尺之小山。下蜀黏土,在乌龙山以南,银孔山以北以及挹江门及清凉山间,颇为发达,其他各处,亦零星分布,每成阶地,覆于其他岩层之上。至江心之八卦洲、江心洲,湖泊之四周,河流之两侧,每有近代冲积层,亦地形之最低部份。玄武湖、莫愁湖,为本区仅有之湖泊,其成因亦有足堪研究者,容待后述。

## 第一节 杨坊山、红山带

### 一、地层

本带东起杨坊山,西迄红山,中经朝阳洞,北及尧化门后之银孔山。地层之分布,则银孔山及杨坊山、朝阳洞北坡,俱有高家边层露出。杨坊山、朝阳洞及红山之山脊,几全为乌桐砂岩所组成。其上覆有金陵石灰岩、高骊山系、黄龙石灰岩、船山石灰岩、栖霞石灰岩。惟龙潭煤系及青龙石灰岩,迄未发现。只见沿山之南麓,间有侵入岩及角砾石灰岩而已。兹将本带各层岩石之性质,自下而上略述如后:

甲、高家边层:高家边层由下而上可分为下之数层:

(a)深灰与浅黄砂质页岩及较粗砂岩薄层,其深灰色砂质页岩及细致砂岩,坚硬而变质甚深,出现于银孔山一带。

(b)暗灰色页岩,风化后土壤为之染黑,出现于珍珠眼北之小山上。

(c)灰绿页岩,风化处每成灰色,出现于珍珠眼前铁路经过处。

(d)浅黄砂岩,蜿蜒于杨坊山北之小坡上,与上下层次间,恒被下蜀黏土所掩盖。

(e)紫色及黄色页岩,恒成互层,出现于杨坊山北麓。

乙、乌桐系：乌桐系由下而上，可分为下之三层：

（a）浅黄白色砂岩，中粒。

（b）深紫及黄色页岩，恒成互层，性软弱。

（c）石英砂岩，内夹圆形石英砾石色白。

丙、金陵石灰炭：色暗灰，稍夹页岩，在朝阳洞山中段近山脊处，最为发达。

丁、高骊山系：紫色砂质页岩，最为发达。间与黄色页岩成互层，并夹有灰黄色细密含云母之砂岩。其底部间有薄层泥质灰岩。

戊、黄龙石灰岩：灰黄风化石灰岩。无化石。有时铁化甚深。其靠近火成岩处，常再行结晶，而变为白色大理岩。

己、船山石灰岩：色灰白或灰黄，迄无化石可寻。

庚、栖霞石灰岩：深灰色，含燧石，在杨坊山及朝阳洞山南麓，间有发现。迄未找得化石。

## 二、地质构造

本带若以银孔山为外斜层之轴顶部，则杨坊山、朝阳洞山一带，不啻为其南翼。而太平山以西山脉，不啻为其北翼。至在朝阳洞侧冲断层以西，其石灰岩复自成一内斜层。地层走向，在杨坊山、朝阳洞一带大致为东西方向与山岭延长方向相同。但细察各处岩层走向，时或偏南，时或偏北，往复迁曲，变动甚频，数十公尺外即不相同。杨坊山东顶，岩层走向北西西，朝阳洞西端则为北东东。其中其二，而京沪铁道适横贯其中。

此外高家边层与乌桐系之走向，虽距离甚近，有时竟不相符合，即同属高家边层，其中砂岩与页岩间之走向，有时亦有差异。此盖由于砂岩性硬，褶绉较难，页岩性弱，褶绉较易。若有东西方向之外力，加诸其上，则因其抵抗之力量各不同，而发生不同之结果，致走向亦有差异，亦未尝不可也。至论其倾斜角度之大小，则在银孔山一带，仅十五度左右，若向南北而驰，其倾斜角度，有逐渐增加之趋势。同属高家边层至杨坊山北侧，竟增至七十度左右，此盖由于南北方向外力推动之结果，有以致之。

在杨坊山最东两山间，其高骊山系，倾斜有时改变甚剧。西向至东杨坊村之北，其高骊山系持厚，其中有一层砂岩，夹于紫色砂页岩之间，并有东西向之岩层，横亘于高骊山系之间。及至杨坊村之北，鸡宝山之南坡，则有两层石灰岩，分别出现于高骊山之上下部（如第一图）。凡此现象，惟有以逆掩断层解之。再西向经鸡宝山及朝阳洞东山之南麓，都有一层角砾石灰岩，似亦断层经过处。至近朝阳洞之南侧，其断层线有折向西北直趋山顶之势。在最西侧冲断层以西，有一层赤铁矿矿脉，斜伸入黄龙石灰岩之间，逆山而上，折入于乌桐系及高骊山系之间。及至朝阳洞西山，其断层线已不甚清楚，惟以铁化之露头度之，仍不外在乌桐系与高骊山系或黄龙石灰岩之间耳。至在朝阳洞东山山顶，有一层赤铁矿脉，生于高骊山系与乌桐系之间，则其必经过弱层而上升无疑。然其上下乌桐砂岩与黄龙石灰岩间，固无纷乱之现象。仅山顶之高骊山系，略出局部之纷乱，或有局部之小推移可耳。在和平门外红山一带，其石灰岩与乌桐砂岩间，破碎很深或亦逆

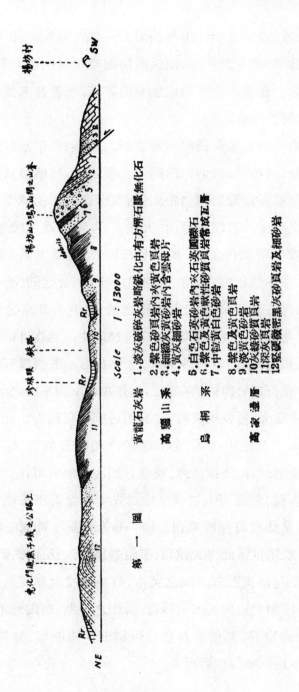

Scale 1:13000

黄龙石灰岩 1.淡灰破碎灰岩铁化中有方解石脉无化石

高骊山系 2.紫色砂页岩内夹黄色页岩
3.细纹灰黄砂岩内含云母片
4.黄灰细砂岩

乌桐系 5.白色石英砂岩内火石夹圆砾石
6.紫色及黄色散性砂页岩砂页岩幷成互层
7.中粒黄白色砂岩

高家边层 8.紫色及黄色页岩
9.淡黄色砂岩
10.灰绿砂页岩
11.深灰页岩
12.坚硬致密黑灰砂页岩及细砂岩

第一圖

掩断层经过处。至于红山与朝阳洞一带之赤铁矿，因储量太少，固无经济价值之可言，恒沿断层面或接触面而上升，仍为矿脉矿床。在昔有主张为接触变质矿床，作者并未找得高温矿物，可资参考也。

至黄马砂页岩与栖霞石灰岩间之关系，尚难断言。其直接接触处，尚难找到，但以岔路口一带观之，其栖霞灰岩或黄龙灰岩与黄马砂页岩间之距离，断不能容若许龙潭煤系及青龙灰岩之厚度。若以青龙山、大连山、龙潭等地比较之，除非构造上发生特殊现象外，其青龙石灰岩、龙潭煤系及栖霞石灰岩等，常一同出现。若在岔路口一带，二者之间，为不整合之接触，则在黄马砂页岩未沉积之前，必有一非常之侵蚀时期，将青龙石灰岩及龙潭煤系，全侵蚀以去。然在钟山向斜层之南翼，东山、台山黄马砂页岩，与黄龙山一带栖霞石灰岩之间，其青龙石灰岩固依然存在。此外在朝阳洞东山之南麓，岔路口北铁路旁，曾发现页岩，在其附近则有角砾岩。此外在朝阳洞东山及鸡宝山南麓，都有破碎之角砾石灰岩，砾石具棱角而无规则，似由磨擦所致，而非普通底部砾岩可比。同时沿该山之南麓，常有侵入岩，叶、喻二先生称之属于长英岩性侵入岩类（见地质研究所专刊乙种一号第六页），而属于第三纪中叶，作者则主张此等火成岩，系沿逆掩断层面而侵入。而此处黄马系与栖霞石灰岩间之关系，仅断层接触耳。至于侧冲断层，恒成南北走向。依大体言之，山之中断，恒向北推，山之两侧，常向南移，其横冲断层线恒切断逆掩断层，故其发生，当密接于逆掩断层以后可耳。

## 第二节　钟山、天钦山带

### 一、地层

本带范围，包括钟山全部，东起马群镇，西则逾城而与城内之富贵山、覆舟山、天钦山相连，其余脉可达定淮门外古晏古庙[①]一带。南则地势平坦，类多较新沉积。北则以杨家岗而阻于岔路口北朝阳洞一带之较老地层。此外并有麒麟门花岗岩及花岗斑岩，环阻于东北。蒋庙樱桃园辉长岩及闪长岩，回绕于西北。钟山本部，则蕴怀于其中。钟山地质，研究者前有谢家荣先生（见地质汇报十六号，胡博渊、梁津、谢家荣《首都之井水供给》）研究颇详。嗣有朱森先生，亦有详细之研究（地质研究所集刊十一号《宁镇山脉地质》）。作者调查较迟，多数地方，已被划为警备区域。举凡钟山、富贵山、天钦山等高地，俱不容登临。故仅在山脚矮坡中，作简单之调查而已。故此次所报告者，或凭旧游之记载，或参考前人之所作参以最近观摩之所得，拉杂成文，尚希阅者正之。

此带地质研究最详者，当推谢家荣先生。作者则根据其划分而外，就足力之能达地点，略加补充而已。兹将各地层之性质，由老而幼，略述如后：

甲、黄马砂页岩：本层出现于钟山北坡，沿马群镇至岔路口大路上，露头清晰，而在黄马、青马下五镇之山坡上，发育尤为完全。内以紫色页岩为主，中夹以暗灰砂岩及紫色砂页岩。其在钟山西北坡者，紫红色页岩，受火成岩侵入之影响，

---

① 当为晏公庙。

变成淡灰至绿色之坚质岩石。其中常含绿帘石及阳起石等矿物。数年前,钟山尚未植林之时,试在钟山北坡,极目南望,则见最高峰附近而下,南为灰绿色变质页岩,北为紫色砂页岩,其间若一断层然。不过若逐步而作由西向东之观察,其颜色亦逐渐改易,可知此等变化,非为断层影响,而为火成岩变质作用。其详情李学清先生已有专著不赘。本层地质时代,属三叠纪,厚度约在千三百公尺左右。

乙、象山层:象山层昔名钟山层,在本带之内可分下之各层:

(a)石英质砾岩:此层质地坚硬,覆于钟山山脊,石砾为白色圆形石英所组成,而为石英质所胶结,故质地坚致异常,借以屏蔽下部柔弱之地层,而成为三百公尺左右之高山,西可与天钦山中部之砾岩相连。其间若断若续,殆为构造上之问题,容后讨论。厚度约在五十至八十公尺,地层时代,约当侏罗纪下部。

(b)紫霞洞石英岩及黑色页岩层:本层系直覆于石英质砾岩之上,为薄层状石英岩,中夹黑色矽质页岩之薄层。在页岩中,时见植物遗迹。在城内覆舟山上,亦有很好之露头。其中含铁分甚多,氧化后成红色。其厚度在紫霞洞附近约在一百五十公尺,至在覆舟山露出者,仅数十公尺而已。最近天钦山山坡上,筑有环山马路,掘出之露头,亦颇清晰,兹将覆舟山北坡地层之坡面,自上而下,如第二图所述:

(c)陵园矽质页岩:本层在中山陵至谭陵之大道上,发育最为完全,层次显然。其主要岩层,为灰或灰黄之粘质页岩,

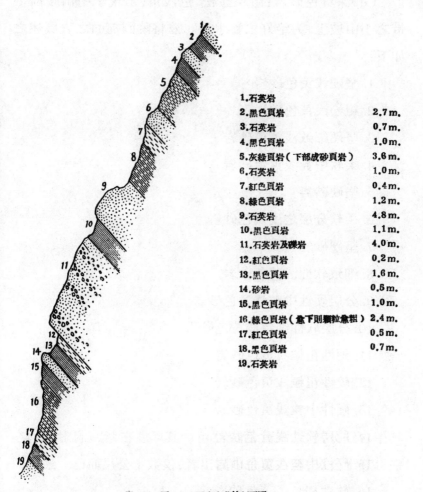

1.石英岩

2.黑色頁岩     2.7 m.

3.石英岩     0.7 m.

4.黑色頁岩     1.0 m.

5.灰綠頁岩（下部成砂頁岩）     3.6 m.

6.石英岩     1.0 m,

7.紅色頁岩     0.4 m.

8.綠色頁岩     1.2 m.

9.石英岩     4.8 m.

10.黑色頁岩     1.1 m.

11.石英岩及礫岩     4.0 m.

12.紅色頁岩     0.2 m.

13.黑色頁岩     1.6 m.

14.砂岩     0.5 m.

15.黑色頁岩     1.0 m.

16.綠色頁岩（愈下則顆粒愈粗）     2.4 m.

17.紅色頁岩     0.5 m.

18.黑色頁岩     0.7 m.

19.石英岩

第 二 圖     覆舟山北坡剖面圖

与灰黄色砂岩之互层。砂岩组织颇松,颇有蓄水之可能,通常有水自由渗出,厚度约在三百五十公尺左右。

（d）深黄色砂岩:组织甚松,色浅黄,出现于中山陵前一带之小山坡上,为绝好之蓄水层。兹将陵园前面之岩层述之如下:

1. 坚硬浅黄色砂岩

2. 粗松浅黄色砂岩

3. 坚硬细致浅黄色砂岩

4. 柔软中粒浅黄色砂岩

5. 坚硬砂岩

6. 柔软分层之浅黄色砂岩

7. 坚硬砂岩

8. 细致软性浅黄色砂岩

9. 分层硬性中粒浅黄色砂岩

10. 分层软性细致浅黄色砂岩

11. 硬性粗粒浅黄色砂岩

12. 软性粗粒浅黄色砂岩

13. 硬性中粒浅黄色砂岩

14. 薄层软性浅黄色砂岩

15. 硬性中粒浅黄色砂岩

16. 软性相粒浅黄色砂岩

17. 软性中粒浅黄色砂岩,薄层

18. 粗粒软性浅黄色砂岩

19. 硬性细粒浅黄色砂岩

20. 细粒石英砾岩

21. 粗粒砂岩

22. 细粒石英砾岩

23. 粗粒砂岩

24. 石英砾岩

25. 硬性粗粒浅黄色砂岩

26. 坚硬砂岩内含圆石砾

27. 软性砂岩

28. 含石砾砂岩

丙、浦口层：本层在钟山以南，零星分布甚广。在吴王坟、孝陵北之西山，警备师附近之石山及白骨坟都有出现。其主要岩石为砾岩，而其胶合质为粗红砂。砾岩中之砾石甚大，直径有达半公尺以上者。凡较老岩层之石灰岩、石英岩、砂岩及安山岩等，无不皆备。砾岩之中，有时并夹以赭色砂岩及页岩。在南京东城角外较低处，有疏松较细红色及暗紫之砂岩。

丁、火成岩：本带火成岩，可分喷出岩与侵入岩两大类。侵入岩常侵入于黄马砂页岩及象山层之间，故其时代至少后于象山层。至喷出岩则分布于城内半山寺及石观音等地，其碎块在浦口层中，时有发现，故其产生，至迟必先于浦口层无疑。同时在象山层中，亦未发现建德系碎片则或介于象山层与浦口层之间产生耳。至火成岩之详细说明，已先后由李学清、叶良辅、喻德渊诸先生研究，作者仅述其大略及分布而已。

（a）喷出岩：大致属安川岩，斑状，斑晶以灰白色长石为

27

最显著。石基作暗紫色,分布于城内半山寺及石观音等地。

（b）侵入岩:大半出现于钟山北坡及山脚下。其在樱桃园附近,多为辉长岩,岩内晶粒,粗细适中,色绿黑,主要矿物为辉石及斜长石。向北达太平门车站东铁路南侧,则有闪长岩,其长石与铁镁矿物,占岩石主要成分。在钟山北坡上,天堡城附近,则有花岗闪长斑岩出现,斑状,斑晶多为长石及铁镁矿物。此外沿朝阳洞山南麓,至东杨坊一带。常有正长斑岩,组织细密,全晶质,现灰白色或紫黄色。其侵入于石灰岩内者,常使之成为大理岩。其在樱桃园及太平门车站东铁路之南侧,成岩脉,侵入辉长岩闪长岩中,而表示其为较后产生。

## 二、地质构造之讨论

钟山高约三百公尺,为近城最高之山,较其他地层为高,东则阻于麒麟门一带之火成岩,而由龙王岩、观山、横山、灵山一带东来之青龙灰岩,至钟山而遽然中止。北则阻于岔路口北之石炭纪二叠纪较老之地层,而接触处之杨家岗,特破碎不堪。西北则阻于樱桃园蒋庙火成岩。西则至太平门东城角附近,渐屈折而伸入城内,成富贵山、覆舟山、天钦山等山。南则为浦口层及其他较近沉积,而遥与西山、岩山一带之象山层,成一不对称之内斜层。再观其由马群而南,岩层渐薄,其间或断或续,迤逦而至沧波门,再折而东至冯家村,而遥与磨山头东头镇同层相连结。至在警卫师附近及高桥门一带,则地势平坦。因此作者觉钟山现在所处之地位,与当时沉积之情形,颇有足堪研究之价值。兹分别讨论之:

甲、钟山现在之地位即沉积时之位置:果如是说,则当时钟山位置,在黄马砂页岩未沉积以前,必为一盆地。其北,西北,东北,三面,皆阻于较老地层。在青龙灰岩沉积以后,必有一非常局部侵蚀时期,将原来数百公尺厚度之青龙灰岩及龙潭煤系侵蚀以去。后则继以浅水沉积,而黄马系、象山层,相继产生。至其成现在之构造,中部特厚而两侧渐薄者,可假定一东西外力加其上,有以致之。试以一卷书由两侧横挤之,其中部亦常厚于两端也。同时试观天钦山之节理,整齐异常,其节理面之走向,大致北北东,而倾斜东南向,骤视之若层面然。然细察之,其砾岩中之石英砾石,常成扁圆形,而其扁平面,常向西南倾斜,自环山马路开辟后其黑色页岩与石英岩之互层,暴露益显,亦向西南倾斜,于是岩层面与节理面间之关系,乃益明瞭。至于坚硬之石英砾石,有时被节理面所切开,则其东西向外力之大,当可想象而知矣。此外细察在钟山之象山层分布之情形,除本部外,西至东城角,即进城而达富贵山、覆舟山、天钦山及古晏公庙一带。东南向则渐薄,至沧波门而与冯家村东流镇相遥连。则当沉积时之地形,亦有足堪研究者。至于钟山、天钦山一带侧冲断层之多,及覆舟山上抓痕(Slickensides)之发达,而与层面平行,此盖表示继东西外力进逼以后,必仍有一近似南北外力接踵而起焉。

乙、钟山现在之地位非沉积时之位置:前曾述龙王山、观山、灵山等地之青龙灰岩,若依其走向而延长,必达现在之钟山位置,然至麒麟门以西即遽然不见。同时东流镇、磨山头一带之黄马砂页岩及象山层,可迤逦而与冯家村、沧波门及钟山相连。在此等状况之下,可假定原来钟山之位置,在沧波门及翁家营之延长线上。嗣有东南南——西北北之外力，山南向北推移。其东翼阻于麒麟门一带之花岗岩及花岗斑岩，北阻于岔路口北较老之乌桐砂岩及黄龙灰岩，西北阻于樱桃园蒋庙一带之辉长岩及闪长岩。由此推移之结果，钟山斜向，在东翼大致向西南倾斜，在中部大致向南倾斜，在西翼大致向东南倾斜，所谓新月构造是也。其在西部之倾斜，若在天堡城之西南山坡，则向东南，及至山脚，则向西南，因地层上下斜向略有不同，而可与城内之富贵山、覆舟山、天钦山相呼应。此盖以太平门城角外一带之低地，现为下蜀黏土或冲积层所占有者，当时向西南必为一大块火成岩，现尚有不少之火成岩露头。钟山层被推移后，一遇此大块火成岩不得不折向西南耳。至论其厚度而言，在杨家岗至造林场内，其厚度达二千公尺左右，及至其两翼，则渐至数十或数公尺。夫以柔弱之砂页岩，因推移之结果，其两翼固可渐薄。独以坚硬之英砾岩，其厚度在第一峰左右，达八十公尺，及至两翼则渐薄而至于零，此非极大之外力，长途之推移，曷克臻此。在此推动之下，钟山发生不少微小折绉，其外斜折绉之轴端，常向北指，在中山陵通谭陵马路之侧，可以见之。继推移以后，复发生许多正断层，随地心引力而下坠。若钟山第一峰下之东西断层，天钦山上之二东西断层，与夫覆舟山岩层面上之抓痕，皆可想象得之。随之则又发生许多侧冲断层，若在天钦山、覆舟山、钟山上都可见之。随断层而起者，则有火成岩之侵入，或成岩墙，或成侵入岩层，侵入于砂页岩之间，若在天堡城之东，即有一岩墙，随侧冲断层而上升。此外在杨家岗一带，特破碎异常，此盖推移最激烈之部份。而沿朝阳洞、杨坊山南麓，有正长斑岩侵入，此盖随断层面而上升也。至于钟山前面之浦口层，系逆掩于钟山层之上，朱森先生已言之，其时期当密接钟山推移之后。至钟山之推移运动或相当于喜马拉雅运动可耳。至黄马砂页岩与象山层之关系，在钟山一隅，地层大致吻合，其走向或斜向，或略有差异者，此盖由于砂页岩为柔弱之层，易于折绉，石英砾岩为坚硬之层，难于折绉，因其抵抗之外力程度各不同，一经推移以后，其各分子间运动亦当不同，则角度上虽偶有不整合现象，亦未尝不可也。

总之，钟山构造问题，颇堪研究。试观钟山侧冲断层之多，覆舟山抓痕之发达，与夫天钦山节理之整齐，并参以钟山各层厚度之渐变，斜向之渐改，在在足以证明其造成之不简单。前人主张，大都以为钟山现时之位置，即沉积时之地位。至主张后说者，尚乏其人，特留此以备研究可耳。

玄武湖及莫愁湖之成因：玄武湖亦称后湖，西则阻于城墙，城墙内侧，多为下蜀黏土所堆积，细察之，其黏土中，常杂有人造之砖块，则其黏土长堤，必曾以相当人工掘成无疑。南则隔城墙，而与天钦山、覆舟山为邻。天钦山较破碎异常，覆舟山北坡，悬岩壁立，此外在太平门外，覆舟山下系舟处亦发现紫色页岩及浅黄砂岩造成之角砾岩，凡此种种，足以证明沿天钦山、覆舟山、富贵山北麓，有一断层无疑。至湖之西北面，则为火成岩所环绕。考玄武湖现在之位置，其南边近城墙处，想当日为紫色砂页岩所在地，因其质柔弱，故最易侵蚀，复加以断层之影响，故湖水较深。其他区域，大半属于火成岩范围。火成岩之在和平门太平门间者,每夷为平地及矮丘。故玄武湖之造成,即利用其侵蚀低地,再加以人工之开凿,遂成为湖。至现在玄武湖泄水道,则由水闸南流,入城内秦淮河,辗转而入于江。按南京志,玄武湖于汉晋六朝时,即为胜地,三国时与长江沟通,吴大帝且于此练水军,明末港口淤塞,积水改向南流,台城东隅,置有潜洞以接秦淮河。故在明末以前,必有一水道以通江。试展地形图看之,玄武湖当时出江口当有二道。一由和平门北向,经和平门至燕子矶大道之附近而入江。然其间有不少数十公尺下蜀黏土沉积,且路遥而迂曲,似非一入江要道。其他则经和平门外,沿城脚西向,经狮子山东北角,再北向而流入大江。在狮子山东侧,犹有不少之深沟,此路当较直捷而便利也。莫愁湖在水西门外,其附近并有很多水塘。江东门及上河镇一带,有广大之冲积层,其为长江曾经流过无疑。迨长江水退后,此等低洼之地,遂汇而为湖,此殆其成因也。

## 第三节　麒麟门带

麒麟门为南京至汤水间之一小镇。其间小山丛集,状平圆全为侵入岩体。其上间为下蜀黏土所掩盖,然下掘不深,即可得火成岩之露头。其岩石大致为花岗岩及花岗斑岩,其上覆有青龙石灰岩。灰岩排列甚乱,在石灰岩内,并未找得接触变质矿物。论其时代,衡其颗粒之大小及山形之平圆,当可与樱桃园一带火成岩相比,而属于侵入岩较早部份。至其岩石之详细说明,由李学清先生研究,兹不赘。

# 第四节　乌龙山带

乌龙山北滨长江,常成峭壁,似与幕府山峭壁成一直线,而为同一断层所造成,南则为下蜀黏土所覆盖。乌龙山东部几全为浦口层所组成。至其西部,当甘家冲之西北滨江一带,似为侏罗纪地层所组成,而位于象山层之极上部。再西至笆斗山及燕子矶一带,又有浦口层露头。按笆斗山浦口层,其斜向大致西北,至乌龙山一带之浦口层,其斜向大致东北,迹近倾斜外斜层( pitchanticline )。而介于二处之间,当浦口层之下部,得一层侏罗纪地层出现。浦口层之岩石,大部为砾岩,夹以红色砂页岩,砾岩中之砾石,大致有石英岩、石灰岩、安山岩等,其胶结物则为赭色砂质。至此侏罗纪地层,或为浅黄色粗粒砂岩,夹以砂质页岩及绿色页岩,其砂岩中常含有石英圆石粒,而并未发现安山岩之碎块。其胶结物灰黄色,间带有灰质,而非红色砂质,故知其实与浦口层有别,且二者之斜向,亦有不同,侏罗纪地层,大致东南倾斜,而浦口层则向东北倾斜。二者之间,似为一不整合。因上种种证据,令其属于侏罗纪上部,亦未尝不可也。侏罗纪地层,除在江滨发现外,其在甘家冲南或西南,东至向家边一带,亦零星发现,或沿沟渠而露出,或沿山脚而发现,但大部为下蜀黏土所掩没,故不易发现耳。

至此侏罗纪地层,与其南侧各较老地层之关系,颇难明瞭。因其间多为下蜀黏土所覆盖,迄无接触处可寻,故实不易探讨也。兹若以银孔山之高家边层,为外斜层之轴部,其南翼有乌桐砂岩、高骊山系、黄龙石灰岩等,而北翼竟付阙如。再南则黄马砂页岩及象山层异常发达,而北翼只有一层浅黄色砂岩及页岩露出,与钟山虽似一外斜层,而实不对称。作者对于此等畸形发展,觉惟有以断层解之。其断层当横亘于侏罗纪地层及高家边层之间。考燕子矶浦口层与石灰岩之间,亦为断层接触,则此等断层,或可与之有相当关系耳。

## 第五节　清凉山、雨花台带

本带范围,在城内包有狮子山迄清凉山、五台山一段。在南门外,则包有雨花台及其附近各山。沿江边则包有下关至大胜关一段。

沿下关至大胜关一带之江边,地势平坦,池沼丛多,沙洲时见,多为近代冲积层,想为当日扬子江流过之地。

城北狮子山,因属军事重地,不准登临。然环城外观之,其城墙上及新掘之城壕中,有不少之石灰岩露头。仰观城内山上,亦有发现,色呈灰黑,其走向约为北北东,倾斜东南,可遥与幕府山相连,想亦为仑山灰岩无疑。

狮子山城外偏南之绣球山,有浦口层砾岩,大致向北倾斜。自挹江门至清凉山一带,大半为浦口层沉积。沿挹江门至水西门之城墙,多有筑于浦口层上者。城内山岗多,被下蜀层所掩覆,浦口层露头,或断或续,然就现在筑路及凿井之记录观之,南京城内之地下,固随处皆可发现浦口层也。浦口层之组成,其最下部大抵为砾岩。石砾大小不一,棱角毕具,石砾有石灰岩、石英岩、安山斑岩等,靡不皆备,其胶结物为赤色砂质。其在水西门外下芦柴场鬼脸城一带，砾岩中常夹以薄层红色砂岩。其中石英砾石最大之直径，达六十四公厘。石灰岩砾石最大者，达五十二厘。其直覆于砾岩之上者，则为厚层赤色砂岩。浦口层之在定淮门以北者，大致向西北倾斜，倾角约在三十度左右。其在定淮门以南者，大致向东南倾斜，倾角约在二十度左右。故挹江门与清凉山间，实为一外斜层。在外斜层之轴部，当定淮门外古晏公庙一带，有一层结合较密之砂岩出现，走向北东东，斜向东南南，倾角达八十度，似上侏罗纪产品，而与浦口层间则为一不整合之接触。所异者，其两翼岩石之性质，略有不同。其北翼砂岩较砾岩为多，而南翼砾岩较砂岩为多。同时侏罗纪砂岩间，亦觉有纷乱之现象。或其中有一断层，横贯于其外斜层之轴部，亦未可知也。此外清凉山蓄水池，与波罗山侧（三民中学操场旁），似为一内斜层。而波罗山与五台山间，又似一外斜层。此清凉山附近浦口层大致之情形也。

雨花台及其附近诸山，山势平坦，最高仅三四十公尺。建德层之斑岩，散露于东炮台附近，色紫，杂以白色斑点，而位于下蜀黏土之下。下蜀系之分布，在雨花台附近各小山，分布甚广。全为黏土及细砂，色红黄，而不整合于各老地层之上。浦口层分布雨花台及安德门至殷山矶一带。色暗红，多为砂岩及砂质页岩，间夹以较粗厚层砂岩层及淡色薄层砂岩。其中巨大砾石之砾岩，则未之见，已有渐趋浦口层上部之势。雨花台砾石层，在凤台门至金狮墩一带，最为发达，为疏松之砾石层。其中砾石，多为白色石英及杂色斑岩，间有红色玛瑙石,每当雨后,尤光耀夺目。砾石多成浑圆或椭圆,其胶合物多为细砂及黏土,有时现交斜层。其顶部有时呈红色。此盖由于下蜀黏土下注色染所致。

至浦口砂岩与雨花台砾石之关系,则为一不整合之接触,在安德门南石子岗马路西侧,有很好之不整合接触如第三图所示。

## 第六节　幕府山带 [①]

### 一、地理与地形

幕府山兀峙江边,蜿蜒数里,为江宁北境之屏障。山自南西西趋北东东向,高二百七十公尺,自下关东首数里起,状如覆舟,其北面濒江峭壁陡绝,不可攀登;山巅筑有炮垒,江宁要塞,即在于此。自幕府山山脊延展而东,曰长山曰老燕山,均与幕府山高度相埒。老燕山以东,山势较低,中隔一沟,南北分流,以达摩洞为分界,南有中央大学造林场之苗圃在焉。自达摩洞以东至三台洞一段,沿江山势,已不如西部之陡峻,其最高之苧头山、五家山二山,山脊离江数里,峰峦挺拔,高二百五十余公尺,其间佛灵门与五家山东端二岭,为南北之分水界,北成宽谷,南则坡势陡峻,沟谷极狭。自三台洞以东,迤及观音门一带,山高虽仅百五十余公尺,而势则峻峭,峰峦秀丽,洞穴天成,与燕子矶之孤峰突出,俯瞰长江,均为风景优美区域。自幕府山以至燕子矶一带山岭之南,坡坨

---

① 幕府山一带地质为朱庭祜与袁见齐二先生于民国二十二年秋冬二季,偕地质系学生野外实习时所调查。

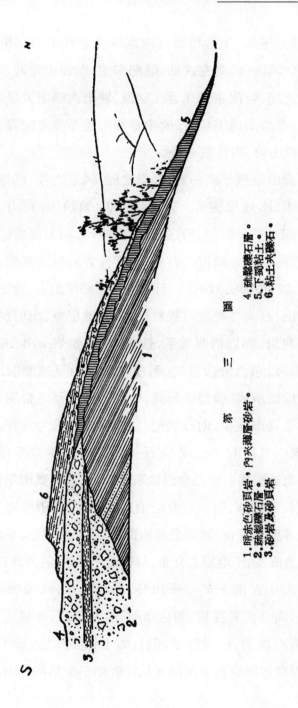

第 三 圖

1. 暗赤色砂頁岩，内夾薄層砂岩。
2. 疏鬆礫石層。
3. 砂岩及砂頁岩。
4. 疏鬆礫石層。
5. 下蜀粘土。
6. 粘土夾礫石。

起伏,势渐平坦,不数里而与南京城北之和平门一带平原相接。山间溪涧,流集玄武湖,隔湖东南,则钟山耸峙。钟山与观音门之间,为南京东北通江要道,钟山西侧之天堡城,亦有炮垒,与幕府山遥遥相对,故论首都附近形势之险要,幕府山与燕子矶山岭,当首屈一指焉。

幕府山至燕子矶一带,形势之胜,风景之佳,已如上述。夷考其由,实地质使然。如沿江一带,幕府山、长山、老燕山以至东部之三台洞、七根柱等,崇山峻岭,均为奥陶纪石灰岩层,此乃南京附近最古之岩层,为其他各岩层之基础,且以断层关系,其北边均成峭壁。至于南部山势平坦者,为下石炭纪石英岩层、石炭二叠纪石灰岩层、含煤地层等,而层位最高之青龙石灰岩,亦以褶曲关系,造成山脊,如苧头山、五家山等是。又若以东西分段言之,西段自幕府山至达摩洞,几全为奥陶纪地层所成,山势亦最高,中段达摩洞至三台洞一带,奥陶纪地层逐渐减少,而石炭纪二叠纪地层,最为发育,如苧头山、五家山等高山,均为青龙石灰岩层,两旁为煤系地层及石炭二叠纪地层焉。自三台洞以东至观音门,则奥陶纪地层,仅留一狭长带状体,石炭二叠纪地层亦不完备,山坡之上,砾岩及黏土等反甚发育,故以全部构造视之,西端掀起,东端绻伏,形势之造成,由于地层之分布,与构造之不同,后当详言之。

幕府山至燕子矶一带山岭,北滨长江,且成峭壁,故山间溪涧,向北流者甚短,如达摩洞、佛灵门、三台洞、二台洞等处,虽岩石溃崩,已成巨壑,但自岭上以至江边,长不过数百公尺,而自岩间垂直下注以入长江者亦不少其例。山之南部,如林场办事处、铁石岗之二边，观音门之南首，均成长谷，且比较宽而平，惟山谷之中，皆涓涓细流，其多量雨水，以流经石灰岩层，致渗入地下。且山谷自其发端处即为泥土所填积，故谷底平坦，灌溉与饮料之水，设非凿井，均有不足之虞，此又地文现象所不可不知者也。

幕府山至燕子矶一带山岭，虽兀立江边，自成一系，然以构造情形视之，与南京至镇江间一带山脉，实相连络，故亦为宁镇山脉之一部，其他层次第当无二致。著者曾与中央研究院地质研究所李捷、朱森二先生，迭次研究，兹篇所述，略举各岩层之性状而已，如化石之种类及各地层之发育之历史等，中央研究院地质研究所已有详细研究，故不备载。

（一）仑山石灰岩层（下奥陶纪）：此为研究区域内最古之地层，其名称始于李希霍芬氏以南京东南约七十里之仑山得名，惟李氏初定为志留纪之下部，经刘季辰等调查后，始确定为奥陶纪。在幕府山至燕子矶一带，此岩层最为发育，而为其他较新地层之基础，其分布于江边者，自幕府山起，联贯而东，为长山老燕山以至达摩洞，再东为较低之山坡，及至三台洞以东乃甚狭，至七根桂则突出于边际，成孤立之山峰。石灰岩大致呈灰色，惟上部较黑，且含矽质碎块，成球形或卵状，大小不一，又有成不整齐之片状者，而在幕府山南首，则成薄层，量达数十公尺，其色浅灰或灰白，与栖霞石灰岩中之燧石结核较之，形色均不相同。不特此也，矽质又与石灰质混合，故岩质多不纯净，可称为矽质石灰岩。矽质之外，兼有镁质，据分析所得，镁质含量，竟有高至百分之十七者，是亦称为白云岩矣。在老燕山之南坡则石灰岩中，且有紫色钙质页岩层各厚二公尺以上，达摩洞以北亦有之，而幕府山则有灰色板岩层二，每层厚度目数公尺以至十余公尺不等。石灰岩之层次厚薄，亦复不一，厚者达一公尺以上，薄者仅数公分，且位置既居他种岩层之下，时代较古，则所受造山运动之影响亦较烈，以致裂缝殊多，崩溃颇易，水流其间，溶解力亦强，故沿江一带，非特见石灰岩碎块之堆积，而洞穴天生;风景殊美，又为可记之迹，惟化石迄未寻获，与其他地层之接触线，为一逆掩断层，构造复杂，厚度亦不易推测。

（二）高家边层（下志留纪）:据中央研究院地质研究所所刊《中国扬子江下游地层比较图》，奥陶纪石灰岩之上，为高家边层，属下志留纪。高家边为江宁县东南境村名，离汤山仅十余里，有含笔石化石之页岩层，位于仑山石灰岩之上。在调查区域之内，奥陶纪石灰岩层，以断层关系，多与石灰二叠纪石灰岩相接触，高家边层仅出现于下石炭纪乌桐石英岩之下，即在铁石岗一带山坡间，其分布情形，作北北东至南南西向，南曰劳山，北为五家山，均有乌桐石英岩居其上，成背斜层构造，高家边层则在背斜层之中间。又背斜层之北翼，乌桐石英岩成紧卷向斜层构造，故高家边层，又于乌桐石英岩之北边，有狭长之露头焉。其岩质以灰色薄层页岩为主，亦有矽质页岩及紫色页岩等，后者居上部。质甚疏松，易于侵蚀，面上盖有泥土甚深，即为侵蚀之结果。岩层倾斜近于垂直，露头既少层次又不规则，故化石不易觅得，其与乌桐石英岩接触处，倾斜大致相同，为不连续之状态。

（三）乌桐石英岩（下石炭纪）：此地层与刘季辰等所称之界岭层相当，以在江浙交界之处甚为发育得名。其时代迄未确定，分布所及，常作长江下游山脉之主干，但在调查区域内，出露虽多，以构造关系，反呈残缺之状，如劳山、五家山南坡，以至余家山一带，又鱼牙斧山及苧头山之西北边，五家山东北坡间，岩山北首谷中及三台洞后峭壁，均受断层影响，或横断，或斜切，山不甚高，失其雄伟之形势。岩质以粗粒石英岩为主，间有砾岩，质甚坚劲，砾石以砂石为多，径达数公分，此种石英岩与砾岩，多作白色及棕色，其厚度如在劳山所测，为二百公尺，能否代表全部，难以确知。若在他处，乌桐石英岩中，尚有薄层泥质页岩，含有植物化石，在调查区域，则未见及。论其时代，以岩层位置高下推测，称为泥盆纪，自近年斯行健君在无锡石湾山等处，发现植物化石后，已改为下石炭纪矣。

（四）黄龙石灰岩（中石炭纪）：乌桐石英岩之上，石炭二叠纪厚层石灰岩，经中央研究院地质研究所研究之结果，可分数层。其下部色白质纯层厚，而富于有孔虫化石者，为黄龙石灰岩。在调查区域内，此石灰岩零星发现，以苧头山及五家山北坡之露头较多，观音山西首、五家山南坡、木鱼山北坡、余家山南首及石灰窑等处，均有现露。岩质纯净，多有开采以烧石灰者。色灰白，每层厚度达数公尺，总厚度各处不同，在苧头山北坡达八十余公尺，其最上一层，面上带有泥质，现凹凸不平之迹，为岩层沉积后海水经过变迁之象，化石甚多，如多孔虫类、珊瑚类、海百合类、腕足类等，均有发现，中央研究院地质研究所,已有详细研究,兹不赘述。

(五)船山石灰岩(下二叠纪):黄龙石灰岩之上,为船山石灰岩,灰色,中以含有灰质结核层,最为显著,化石如纺缍虫等甚多,总厚不过十余公尺,而其上与栖霞石灰岩含接,中无特殊之岩层,可以划分,不过后者岩色较黑,且有燧石结核耳。在调查区域者,此岩分布亦不完整,如苧头山、五家山之北坡、五家山之南坡及石灰窑之南首,均有其露头焉。

(六)栖霞石灰岩(下二叠纪):紧接船山石灰岩之上,色深灰,中多燧石结核,大小不一,底部有黑色带臭气之石灰岩层,层次较薄,化石如腕足类、珊瑚类、长身贝类、海百合等,均有发现。分布所及,如苧头山与五家山北坡,五家山南坡及其迆东至煤矿附近一带,鱼牙斧山之南坡等处,岩层最厚达百公尺,薄者仅三四十公尺耳,其上有一含矽质岩层,虽厚不及一公尺,为石灰岩与含煤层间不整合之一证。

(七)龙潭煤系(中二叠纪):煤系露头甚少,仅于夏家梁北首,即震球煤矿公司之旁,稍有现露,苧头山之南北坡间及佛灵门一带,亦有露头,而劳山南首蒙藏学校后之山坡间,露头更小,岩质甚松,易于侵蚀,故所现地层,甚不完全,仅有灰色及黑色页岩及砂岩耳。煤层位置,难以确定,旧窑址虽多,据开采结果,仅有煤一层,甚不整齐,厚度不匀,俗称之曰鸡窝煤,煤质为半无烟煤,作日常燃烧之用,但以质量不佳,故矿业不能发展,当调查时,矿厂均已停止,欲采取标本以为分析研究之用而不可得矣。

(八)青龙石灰岩(三叠纪):此亦为宁镇山脉间较多之

岩层,以青龙山得名,位居龙潭煤系之上,岩质多为薄层石灰岩,中夹薄层页岩,色灰白,上部较纯,即页岩质较少,据中央研究院地质研究所研究所得,下部含有菊石化石,中部含有下三叠纪头足类化石,故其时代属诸三叠纪。在调查区域内,化石未有寻获,分布所及,如荸头山、五家山及东至岩山、观音门一带,均以向斜层构造,成为山坡,在劳山以南,亦为向斜层构造,而居山之顶部焉。岩层厚度,依大致推测约有五百公尺。

(九)砾石层:在调查区域内,砾岩地层,可分为二,一为燕子矶砾岩,出现于燕子矶及观音门及附近一带;一为散布于观音门以西至震球煤矿一带山坡之间及西首鱼牙斧山之南坡者。据刘季辰君所称,二者均属白垩纪,但性质悬殊,难以概括言也。兹分别言之如下:

燕子矶砾岩,大致浅红色,其中砾石以石英砂岩为最多,石灰岩、白色石英岩、页岩及斑岩均有发现,大小不一,小者如豆,大者径达二十余公寸,大致圆润,而少棱角,其胶结物质为红色砂土,砾岩中有层次可见,每层厚达一公尺以上,甚坚,且夹有粗砂岩层,倾斜角达五十度以上,以是此种岩层,自沉积以后,已受相当构造力之掀动,概可想见。其时代以有侏罗纪斑岩夹入之故,刘季辰君称之为白垩纪,据近来之研究,名浦口层,属老第三纪。

观音门以西山坡间,青龙石灰岩之面上,有石灰角砾岩,大致呈灰色,其中岩块,十九为石灰岩,大者居多,棱角完整,石英岩、斑岩等亦稍有之,胶结物为红土,惟无层次可见,且自砾岩以下与石灰岩层之间，无显著之痕迹可分，以此砾岩之生成，由本地石灰岩层崩溃而未经迁移者，其时代与层位，此次之调查定为青龙石灰岩之顶部，属三叠纪。

（十）下蜀泥土（上新统）：南京附近有红黄色泥土，覆于各种坚质岩层之上，李希霍芬氏及刘季辰君均称之曰黄土，以与我国北方之黄土地层相当。据近中央研究院地质研究所研究之结果，其性质及构造，与北方黄土，未能尽同，又以在京沪路旁下蜀车站附近，颇为发育，故名曰下蜀泥土。在调查区域内，此泥土发现之处亦甚多，如燕子矶、观音门以至达摩洞等处，均有广大面积，或在高山，或居深谷，厚达十余公尺，面上黄色，剖面呈红黄色，质细，虽在山坡之上，常成兀立之平台状地形，与北方之黄土近似，但无柱状构造，及砂砾层等可见耳。在幕府山之南，有人挖取，以烧成砖瓦者。其质颇松，水流其间，易于渗漏，故种植不易，论其成因，当或为风力，证诸在达摩洞附近所见，向北山谷狭小，泥土堆积于高坡之上，南首即林场办事处，泥土填满谷中，成为平底宽谷，于堆形上显示一种特殊状态，似易明了也。

（十一）崖锥沉积物：沿江一带，幕府山至燕子矶之间，石灰岩自峭壁崩坍，堆积山麓，高达数十公尺。

（十二）冲积物：调查区域内，惟江边有冲积之泥砂，面积不广，山间溪谷甚短，除为下蜀泥土所盖之山谷地外，大抵岩石显露，冲积物甚少。

火成岩：调查区域内，火成岩露头，几不可见，有之，仅在佛灵门北首坡间，此处沿断层线出露，面积极小，为一小侵入体,侵入于仑山石灰岩与黄龙石灰岩之间,面上风化殊甚,仅长石斑晶可见,铁氧化物已变成红色泥质,在显微镜下察之,长石大都为斜长石类,石英与辉石均有之,后者风化程度甚深,兹称之为石英闪长玢岩。

## 二、构造

燕子矶至幕府山一带山岭,为宁镇山脉之一部,已如前述,非特地层次第与大山脉相同,即其构造之复杂,如断层褶曲等之出现,亦莫不有连带关系,兹分别言之于下:

(一)逆掩断层:此处最重要之构造,厥为一逆掩断层,即自幕府山南坡,向东北延展,至燕子矶一带,奥陶纪仑山石灰岩层与石炭二叠纪地层之接触带是也。以全区地质情形观之,接触带两面之岩层性质,及其构造,显然不同,北为奥陶纪仑山石灰岩层,内部呈多数小褶曲,颇为复杂,而他种地层与之接触者,如在幕府山南坡,为乌桐石英岩;达摩洞以东以及燕子矶一带,为乌桐石英岩、黄龙石灰岩、船山石灰岩及栖霞石灰岩等,颇不一致,位居仑山石灰岩以上之高家边层,竟消失无余。又如五家山之北首,石灰二叠纪石灰岩,覆于仑山石灰岩所成山坡之上,其为岩层自东南向北移动,成为倾斜平缓之逆掩断层明矣。此外在石灰窑之南,三元庵相近,乌桐石英岩及高家边层等,覆于船山石灰岩之上,亦为逆掩断层,惟范围较小耳。

(二)逆断层:五家山之南侧,青龙石灰岩与黄龙船山及栖霞石灰岩相接触处,亦为断层,但其断面几近直立,南部上升,北部下降,可称为逆断层。

（三）正断层：幕府山至燕子矶沿江一带，峭壁直立，为仑山石灰岩层，此峭壁乃由大断层所造成，断层约略近北东东向仑山石灰岩被其截断，而在石灰岩中之褶曲其方向与断层不一致，且石灰岩之露头，西部较多，断层方向，与石灰岩背斜轴走向成斜交，故断层之发生，似在褶曲生成以后，惟石灰岩之掀起，由于断层或由于褶曲，或二者均有关系，则尚未易言也。

自五家山以东，至震球煤矿公司相近，石炭二叠纪厚层石灰岩中，发生多数横向断层，在五家山北首与三台洞之间，亦有横向断层，与南首者方向位置，大致相同，幕府山之东首，达摩洞等处均有之，此种横向断层，大致方向为南南东至北北西，东部下降，西部上升，故在侵蚀面上，断层东部之岩层，常向北推移，而其生成时期，则在逆掩断层及逆断层之后。此外在石灰窑附近，黄龙栖霞石灰岩中，亦有正断层存在。

（四）褶曲：在前述逆掩断层之南，最重要之构造，则为向斜层，如苧头山、五家山以东至观音门一带均属之，以青龙石灰岩为中心，两旁均有龙潭煤系、二叠石炭纪石灰岩层及乌桐石英岩等，走向为北北东至南南西，倾斜向在东南翼者向西北，在西北翼者向东南，角度甚大，中心尤甚，大致近于七十度。而其两翼地层，因有断层关系，以致零乱不全。又在铁石岗以南，山势延展而以乌桐石英岩为主干之背斜层构造，亦甚显著。铁石岗之北，为五家山南坡，乌桐石英岩向北北西倾斜，斜角四十五度，铁石岗之南为劳山，乌桐石英岩倾向东南,斜角达七十度,二者相距七百公尺,中有高家边层现露,是以此背斜层构造,甚为宽展焉。

前述背斜居之北翼,即五家山南坡,乌桐石英岩之露头,显分二段,倾向角度,完全相同,似为一走向断层所致,但在北边,即乌桐石英岩第二露头之北,高家边层又现露,以此乌桐石英岩似造成紧卷向斜层焉。又劳山之南,以至石灰窑间,北以劳山乌桐石英岩为基础,迤南有栖霞石灰岩层、龙潭煤系及青龙石灰岩等,均向东南倾斜,惟青龙石灰岩层褶曲殊甚,大致又成向斜层构造,故在石灰山附近,黄龙石灰岩、船山石灰岩及栖霞石灰岩等,续有发现。

综上所述,调查区城内,大致构造自东南以至西北向,凡石炭二叠纪以后之地层,有向斜层二,均以青龙石灰岩为中心,二者之间,为一背斜层,以高家边层为中心,而以乌桐石英岩为造成两翼之主要岩层,凡此亦成一具体之构造,以与北首仑山石灰岩层成逆掩接触。

(五)其他构造:调查区域内,大体构造,既如上述,而各部分详细构造,尤为复杂。如以幕府山一部而言,在上元门南首谷中,则石灰岩成背斜层构造,居南首者其斜向东南,斜角均七十度,居西北者,倾斜向西北,斜角均五十度,谷之两边,似甚整齐,但在幕府山之西南坡,即红砂洞附近,石灰岩倾斜,顿形变乱,多数成为南东东向,斜角达七十度,且该处似有一横向断层发生,致将石灰岩中之页岩层截断。又在上元门东首江边,则石灰岩层之倾斜方向屡易,成为多数向斜层与背斜层构造,其方向亦无确定。至若幕府山之东端,□□岩层倾斜，几近直立，如自鱼牙斧山以北经过幕府山之东端而至长山，则倾斜向或西北，或东南，变动数次，其间褶曲情形及上下层之位置，均难确定，但在长山以上，与老燕山西首接触处，则石灰岩层倾斜向东，成为五十至六十度之倾角，似此则石灰岩层，褶曲极为复杂，与石炭二叠纪岩层之构造，迥乎不同矣。

在达摩洞之前后，仑山石灰岩亦成背斜构造，其东南山坡间倾斜向东南，斜角达五十度，其西北江边，则向西北倾斜，斜角达六十余度，自达摩洞以东以至燕子矶一带，则仑山石灰岩层仅存狭长一带，不若西部之构造复杂矣，五家山之南面，青龙石灰岩与石炭二叠纪厚层石灰岩，为断层接触，而在此石炭二叠纪石灰岩之南，亦与高家边层成断层接触，有此二断层，青龙石灰岩与石炭二叠纪厚层石灰岩，均成峭壁，自远望之，已甚明显。

在林场办事处之南，鱼牙斧山之东南麓及其对面毛家凹，均有黄龙石灰岩出现，与乌桐石英岩相接触，关系如何，以露头甚少，未能确定。

# 第二章　江宁县东北区

本区北濒大江，东接句容县境，南至淳化镇附近平地，西则与南京市为邻。区内山势雄伟，山间平原，类皆狭小，盖其地形固犹在壮年期中也。山岭高度，率在二三百公尺间，惟东境汤山、空山诸峰，高逾三百公尺。愈趋西南，高度渐减，与构造轴之向西南倾下者相呼应。山脉延长方面，在东境约为东西,至汤山以西,则折而西南,略呈弧状,向东南环抱,亦与地层走向相符合,即所谓宁镇山脉之西段也。

区内地层,最称完备,自奥陶纪后,凡江南所出露之地层,在此皆有呈露,而古生及中生两代,尤称完备。惟新生代地层,仅见零星散布,为量甚微。盖此间地形,当新生代时本甚高峻,故此后沉积作用,仅限于山间低洼之处,其间虽一度为玄武岩流所掩覆,今亦已侵蚀殆尽矣。

下蜀系黏土,分布极广,或踞高山,或填深谷,其位置之高下靡常,足为风成之一证。所成地形,常为阶地,高约三十公尺左右。乌龙山南及汤水附近,尤为明显。此系黏土,色皆红黄,能立为峭壁。其与冲积层相接之处,辄乏清晰之界限,距山坡较近之平地间,皆为黄色土壤,显系下蜀系,然其位置则当冲积平原之边缘,实为下蜀系之运载未远者,故犹未失其本性也。

区内山岭重叠,下蜀系覆盖尤广,冲积平原,范围狭小。惟栖霞山北沿江一带,平原广衍,为长江岸侧之沉积物,想见当年江流,固更直逼栖霞山麓也。

此区适当宁镇山脉之西端,构造复杂,为全县冠。地层往复曲折,已尽高下起伏之致,而断层纵横,更呈散乱零落之象。岩层之上下倒置,前后错断者,在在皆是。举凡地质构造应有之现象,莫不有其代表。统观全局,仍以褶曲为主,而断层辅之。兹略述其纲领。

汤山大外斜为褶曲之最大且著者。以汤山为核心而作东西向之延长,西至坟头村,又折而西南,以迄于淳化镇,全体成一弧形。地层倾斜,北峻而南缓,呈向北倒转,可见侧压力之来,当自南或东南。外斜两翼构造,亦显不相同。南翼位于内弧,除一二断层外,大致颇称简单。北翼当其外弧,受张力较甚,故侧冲断层之发育特佳。

接于汤山大外斜之北者为射乌山复内斜,轴向亦随汤山大外斜而呈环曲。地层以象山层为主,而黄马系分列于两翼,其北翼之一部,已入句容县境,故总图所示不全。

龙王山、灵山为青龙灰岩所组成之外斜层,径接于射乌山复内斜之北。西延至仙鹤门附近,因火成岩之侵入,而不复可寻。龙王山以北,石灰二叠纪石灰岩向北逆掩于象山系上。由此而北,除栖霞山构造复杂,自成一系统而外,大部为象山层出露区域。至江边之乌龙山,复有浦口层现露。岩层较新,构造亦甚简单。

本区地面辽阔,构造复杂,不得不分节讨论。兹依构造之情况,而分为下列数节。

一、汤山穹地

二、空山、次山小褶曲

三、射乌山复内斜

四、龙王山外斜

五、羊山、仙鹤观逆掩断层

六、象山褶曲

七、栖霞块状山

八、江边阶地

九、青龙、银凤外斜

十、黄龙、大连外斜

上述各节中，一、二、九、十、四节，实为一大外斜构造。惟范围广大，而黄龙山、大连山一带，又为李学清、孙鼏两先生所调查，故分别言之，虽未免有肢解之嫌，要亦免于混淆之弊。

本区调查工作将次完毕之际，得阅朱森先生之书[①]，对于此间地质，研讨精详。作者调查之时间较短，观察容有未同，然大致颇相吻合。

## 第一节　汤山穹地

汤山孤峙于县境东隅，略作东西向之延长。其最高峰拔海面三百余公尺，为附近诸峰之冠。全山岩石以奥陶纪灰岩为主，而高家边层页岩环绕之。后者性质松软，侵剥最易，因成低洼。故汤山之成，虽由于石灰岩之穹起，苟非页岩侵剥之速，亦不能具此雄伟之势也。

汤山位于大外斜之轴部，其北之空山、次山，及其南之银凤山，分列于两翼。外斜轴向西倾下，故局势愈西愈狭。汤山之东，北翼仍东延而为观山、九华山诸峰，南翼则夷为平地，致构造情况，不复可考。惟汤山本身，为一穹状构造，故外斜之东部，想亦有东倾之势，惜无露头可资证实耳。

汤山地层，朱森先生已有详细之记述[②]，兹姑就所见，略述其梗概。

---

① 朱森，李捷，李毓尧：宁镇山脉地质，中央研究院地质研究所集刊第十一号.
② 朱森，李捷，李毓尧：宁镇山脉地质，中央研究院地质研究所集刊第十一号.

一、仑山石灰岩：汤山本身，几全为仑山灰岩所组成。颜色深浅不一，层次厚薄靡定，而以暗灰色层次清晰之灰岩为主。石灰岩间含镁质，亦有呈鲕状构造者，而砂质结核尤为常见。此层顶部，薄层石灰岩中，含 Cameroceras 极多，风化后成黑色条状，高突于石灰岩之表面，最易辨认。其下部则有因氧化作用而呈红色之灰岩，在南坡之殊砂洞，色尤鲜明，此乃仑山灰岩下部通有之现象，在幕府山亦屡屡见之，出露部份厚度，约二百五十公尺，属下奥陶纪。

二、汤山系：此系分布于山麓。西北两侧，出露尤佳。其地层次序约为：

（甲）矽质岩层：此层径接于仑山灰岩之上，色皆浅灰，酷似石英岩，而组织之细致远过之，故与通常所称石英岩不尽相同。其性坚强，常成低阜，依立于山麓。如于京汤道中，南望汤山，则汤山系与仑山灰岩，历历可辨。厚十二公尺。

（乙）页岩：页岩径接于砂质岩之上，色多浅黄或净白，略含砂质及钙质。质地松软，故露头不全。厚十公尺许。

（丙）泥质石灰岩：页岩之上，钙质渐富，而成泥质石灰岩。层次仍薄，不逾二三公分。色以浅黄为主，偶或因氧化作用，而带红色。其顶部约三公尺，复为黄白色页岩，与乙相同。全部厚度共十五公尺。

汤山系总厚不及三十公尺，属中奥陶纪，与艾家山系之上部相当。

三、高家边层：汤山四周，下蜀系掩盖甚深，高家边层，仅于汤山系附近见其底部。其与汤山系径相衔接之处为黑色及深灰色页岩,其上即为黄绿色页岩。后者为此层中主要岩石,他处出露甚多。

汤山为一穹状构造,而略作东西向之延长。地层倾斜,依山势而围抱,山之西端,形势最显。倾斜角度,北坡峻峭,几近垂直,南侧平缓,鲜逾四十度。可见全体又呈向北倒转之局,与县境各山之情形,正复相同。

汤山东端,断层甚多。惜该处地形图,不甚准确,不易一一绘入,其推移较远者凡三。推移方向,皆东侧北进,西部南退,与赤燕山、次山间之横断层相反。断层面走向,均为北偏东,亦与次山断层之北偏西者略异。可见此间断层,当为另一动力所成,其发生时期,亦未必与赤燕山者相同。

建德系:汤山以东,建德系火山岩分布最广。惟大部为下蜀系黏土所掩,露头遂零星散乱。石岩大率为石英粗面岩,呈红色,缀以黑云母斑点,清晰可观。层理大都平坦,下与高家边层作不整合之接触。其分布地域,均当低洼之区。想见其沉积之际,本其就下之性,充填于平原山谷之间。更可知当时地形,必与现在无大轩轾,而建德系之厚度,亦必远逊于西南向者,故未能使地形更易也。

浦口层:浦口层出露于汤山之南,与欧家庄者隐相连续。惟汤山附近所见者率为粗砂岩,颜色深红,黏合不固,酷肖赤山砂岩,曾经开掘以为弹石路面之胶合物,与他处所见浦口层之以粗砾岩为主者不同,然颜色极深,与赤山砂岩绝不相伴,故仍归诸浦口层中。

浦口层露头,皆在汤山东南麓。倾向东或略偏南,倾角十度左右,颇与地形相合。意者建德系喷发以后,浦口层复沉积于山麓。其后虽有下蜀系之覆盖,及多次之侵蚀及沉积作用,然大致情形,固仍旧观也。

下蜀系:汤山四周,地势低下,下蜀系分布最广。所成阶地地形,亦最明显。其在汤山以东者阶地高约二十至三十公尺,因河流之切割,而成南北向之长条。北部径接山岭,地势较高,南端则河流发育较佳,阶地乃渐次低下。下蜀系下,常有建德系及高家边层出露,可见下蜀系厚度,实不逾三十公尺。其所以能成此阶地者,亦有赖于下部岩石,为之扶持也。汤山以西,下蜀系分布亦广,如侯家塘西之小邱、青龙山东坡以及驾子山一带山岗,高家边层之上,大部为下蜀系所掩覆。惟水道纵横交错,故阶地地形,亦欠整齐。此间下蜀系之位置,略高于东部,盖在四山环抱之中,侵蚀能力特弱故也。

侵入岩:汤山之麓,火成岩露头零落出现于高家边层及汤山系之中,露头均极狭小,岩体似不甚大,殆为下部巨大侵入体之旁枝。其分布情形,盛于东北,而西北一部绝未见及。盖此间火成岩侵入中心,在孟塘一带。距此中心愈远,则露头愈少,固理之常也。岩石率为酸性斑岩,其风化面上,见长石斑晶甚明。惟绝少黑色矿物,与孟塘所见,虽不尽同,要亦颇相类似。

温泉:汤山温泉,夙负盛名。其流出之处,均在山之东麓汤水镇沿街一带及其西南之汤王庙附近。而沿街一带,需用较殷,因人工之引导,流量亦多。汤王庙地位偏僻,仅一公共露天浴池而已。泉水温度皆在五十度左右,其成分曾经前农

商部及陶庐之分析,约如下表:

|  | 硫酸钙 | 碳酸钙 | 氯化钙 | 氯化镁 | 氯化钠 |
|---|---|---|---|---|---|
| 公共浴池 | 0.1569 | 0.0213 | 0.0054 | 0.0172 | 痕迹 |
| 汤山公司 | 0.1518 | 0.0148 | 0.0042 | 0.0133 | 痕迹 |

陶庐:

| 钾 | 0.03309 | 镁 | 0.0952 | 重炭酸 | 0.2441 | 硫酸 | 1.0982 |
|---|---|---|---|---|---|---|---|
| 钙 | 0.04000 | 钠 | 0.2323 | 二氧化碳 | 0.0108 | 硝酸 | 0.0057 |
| 锰 | 0.00414 | 铷 | 痕迹 | 硫化氢 | 0.0003 | 磷酸 | 0.1206 |
| 铁 | 痕迹 | 有机物 | 0.0024 | 水酸化矽 | 0.0795 |  |  |

温泉之发生,不外乎火山及断裂。汤山附近,无近代火山之迹,而断层甚多,故此处温泉之发生,实由于断层。断裂之面下延极深,地下热液,循之上升,以达地面。故泉水水量,终年颇少变动也。汤山东端断层极多,惟左右移动之量均不甚巨,故地面之表现,未必清晰。汤山东端,汤山小学之下,岩层破碎最甚,显为断裂带,此断裂带,适当汤水街道之下,走向约为南北,与其他断层相同,而推移之距离过之,汤山山势之东尽于此者,此断层亦为主要原因之一。在此断层带间,温泉迸流最盛,汤水镇沿街山侧,随在有泉,当为应有之现象。汤王庙偏于西南,非上述断层所经,或为与此断层相平行之另一断层所成。且汤山穹地缺其东南一隅,委为侵蚀作用之结果,虽无不合,若谓为另一较大断层之切割,似亦非不可能者。惟下蜀系掩盖甚深,无由探其究竟耳。苟如是则汤王庙适当此断层线内,温泉之迸流,更为必然之现景。

## 第二节　空山、次山褶曲

汤山以北,山势绵延。东起句容县境之观山,西至坟头村北,而与青龙山相接,北与射乌山为邻,南隔广谷,而与汤山相望。山势作东西向之延长,与地层走向,大致相同。其间峰峦,又分为二列,南北并峙,中隔深谷,为龙潭煤系所在。山峰之间,时或中断,而为南北交通孔道。中断之处,或为大片侵入岩所在,或为断层所经。盖前者易于风化而夷为低地,后者为岩层破碎之处,侵蚀作用,进行较速。地形之高下起伏,在在以地质情形而异,于此可见其大概。

此间当汤山大外斜之北翼,地层古者如高家边层,皆在山南,较新之中生代地层,列于山北,大致情形,颇易辨认,细察岩石分布,实无一定之序,盖其间尚有局部之褶曲,致使新旧地层,更番出露,此项褶曲,大致成内斜、外斜各一,内斜居南,外斜居北。褶曲之轴,又复时有起伏,而成穹状及盆形构造,故诸山之间,未必尽相衔接。至山脉东段,此褶曲形态,渐次微弱,而代之以逆掩断层。赤燕山、棘山一带,仅具外斜之一侧而已。

断层作用,在此亦颇显著。约分之为逆掩断层及正断层二种。前者走向东西,与褶曲轴相平行,后者适与之相垂直。此两种断层,性质互异,发生时期,亦未必完全相同。然考其原由,实皆发生于南北向之侧压力,可见此间构造,虽极复杂,而动力来源,似仍一贯。

此间地层,自高家边层以至青龙石灰岩,均有呈露,惟因构造关系，所见不甚完全。兹姑举其特异之处如下。

（一）次山、狼山之间，大路两旁，有红色砂岩及砂质页岩出露，其层位适当高家边层之顶部，拟为茅山砂岩[①]，岩性及层位均相符合。（二）汤山、孟塘间大路通过赤燕山、棘山之间，最近开凿甚深，见有黑色及深灰色页岩及砂质页岩，含炭质极多。其南与黄绿色页岩渐次相连，北为火成岩所侵入，似与乌桐系相连续，厚度达六十公尺，中含 Lingula 化石，惟无笔石，想因火成岩侵入体之影响，而致破坏。此层似为高家边层之上部，惟他处尚无见及。（三）空山西部大石碑之东，金陵石灰岩及高骊山系出露最佳。而金陵石灰岩露头长逾五十公尺，厚亦达十公尺以上，尤为县境所仅见。（四）孟塘以南之大路侧，有船山石灰岩，出露于栖霞石灰岩之下。其中下部，有球状及扁豆状之结核，其为量之多，及构造之明，实为他处所罕见。

黄土山附近：黄土山位于观山南侧，江宁、句容两县即以山脊为界。该山构造，异常复杂。山之顶部，以龙潭煤系为主要岩层，火成岩侵入于其西南。接触带间，常生赤铁矿，惟质量均劣，绝无经济价值。山西北坡，龙潭煤系径与乌桐系相接。其间显有断层，乌桐系下，为栖霞石灰岩，岩层倾向相反，当为另一断层。由此而下，谷中为浮土所掩。谷之北侧，又有栖霞灰岩出露，倾向与前者相对，成内斜构造。栖霞灰岩之北，龙潭煤系及青龙灰岩，依次出现，但倾向西北与栖霞灰岩

---

① 朱森，李捷，李毓尧：宁镇山脉地质，第301页.

相反，且煤系出露不全，其间当为一逆掩断层，致将一部份煤系，掩埋于栖霞灰岩之下。

统观此间构造，得逆掩断层三，其位于极北者，显系向西北逆掩，断层面倾向东南，倾角在六七十度间。其余二者，因浮土掩盖甚深，露头间之关系，不甚明显，大致亦为向西北逆掩者，与前者性质相同。火成岩与煤系接触之处，似另有一断层，其推移方向，依断层磨面上之搔痕所示，南侧亦向右上方推动，故亦为逆掩断层。惟其俯侧为火成岩，故地层上之表显，不甚明瞭耳。（见第四图）

东山：东山以石灰岩为主要岩层，自北而南，栖霞、船山、黄龙诸石灰岩层，依次排列，皆向北倾斜。山之北端，有龙潭煤系，煤系之北，青龙石灰岩又成高山，盖皆为常态接触。山之南部，黄龙石灰岩倾角渐平，由六十五度递减为三十度，旋复折向南倾，成外斜构造，而以高骊山系为其轴部。外斜南翼，黄龙石灰岩又自成一内斜构造，故高骊山系及乌桐系，复出露于南麓。山之东坡，较古岩层，出露略多。上述外斜中心，高骊山系之下，略有乌桐系出现，而内斜层中之黄龙石灰岩，亦不见于东坡。盖此内外斜构造，皆轴倾向西者也。

东山南坡，乌桐系石英岩有裂为角砾状者，殆为赤燕山、棘山逆掩断层之东延部份，惟断层线在乌桐系中，故地层关系，似仍正常。山之西坡，与角砾岩相对之处，有火成岩体侵入，似亦与逆掩断层有关。

赤燕山及棘山：此二山地层缺失甚多，为断层发育最佳之处。赤燕山有南北二顶，南顶为乌桐石英岩所组成，高家

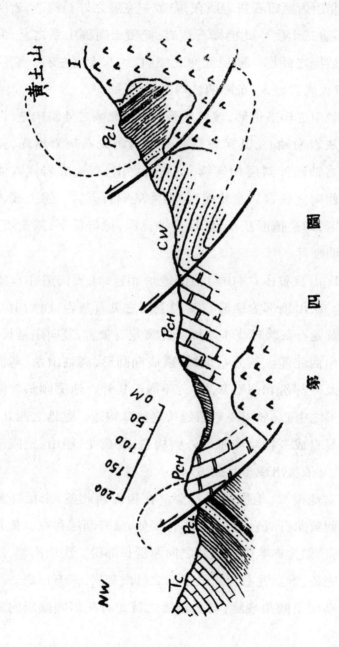

边层及高骊山系，分列于其南北两侧，岩层倾角峻陡，或近直立。北顶为栖霞石灰岩所在，自成一宽展之外斜构造，岩层倾角，不逾二十度。此栖霞石灰岩，掩覆于高骊山系之上，为一向南逆掩之断层。断层面向北倾斜，约八十度左右。断层面间，有火成岩侵入，东西两坡均能见之。

棘山之构造情形，较欠显著。断层北侧之外斜构造，以船山石灰岩为轴心，其东坡且有一部份黄龙石灰岩出露，盖与东山之轴倾外斜层相连续，石灰岩之南，有火成岩侵入体成一东西向之长带。逾此而南，则为乌桐石英岩。想火成岩分布之区，即逆掩断层所经，惟侵蚀已深，地势低下，露头不全，故欠明晰耳。

次山及狼山：次山与狼山地形相连，地质构造亦自成一系统。次山顶部为栖霞石灰岩下部之臭石灰岩，而船山石灰岩及黄龙石灰岩环绕于四周。此黄龙石灰岩，复向东延长，以达狼山西北麓。其分布地域，适成椭圆形，高骊山系、乌桐石英岩及一部份和州石灰岩，又环抱于其外。地层倾斜皆向此椭圆形之中心，显成一东西延长之盆地构造。盆地之西北，乌桐系复自成一轴倾向东之外斜构造，故黄龙、船山、栖霞诸石灰岩，又依次出现于其北坡。

盆地南翼，地层出露不全。在狼山西北麓，未见高骊山系。而黄龙石灰岩之底部，亦付阙如，显有断层存在。依其地位而言，似为赤燕山逆掩断之向西延长部份。次山南侧，地层尚属完备，惟黄龙石灰岩最下部之砂质灰岩，未有出露。高骊山及乌桐系倾角峻陡，与之相接之黄龙石灰岩则倾斜向北不及二十度,其间不相符合。且该处石灰岩中常有破裂之迹,有方解石脉贯通其间。可见此处亦曾断裂,与赤燕山逆掩断层相衔接,惟推移甚微耳。(见五图)

狼山之北,另有小山,大部份为青龙石灰岩,而龙潭煤系附于南侧。接于煤系之南者,即为高骊山系及和州石灰岩。其间亦有一逆掩断层,将煤系及青龙石灰岩,向南逆掩于高骊山系及和州石灰岩之上。此逆掩断层,断面亦陡,与赤燕山及狼山北坡之逆掩断层性质相同,殆为同时期之产物。

空山:空山为此区最高之山,大部份为乌桐石英岩所组成,而高家边层及各种石灰岩,分列于南北两坡。乌桐系石英岩中,复自成褶曲数次(见第六图),而尤以空山最高峰之外斜层,局势最大,故轴间有高家边层出露。此外斜层向北倾侧,轴部又向西倾下。若沿山脊西行至大石碑附近,即见乌桐系、金陵灰岩及高骊山系,顺次隐伏,而代之以黄龙石灰岩。至山之西端,黄龙石灰岩又掩埋于船山石灰岩之下。逾谷而西,为五贵山南之小山,外斜构造仍颇明显,而造山岩石全为栖霞石灰岩。由此以西,情形不显,然凳子山之青龙石灰岩中,亦具倒转之外斜构造,实亦与此隐相连续。此外斜层之东端为横断层所切,断层以东,即次山北坡之外斜,轴向东倾,与空山相反。统观全局,空山外斜,轴部两端倾下,实呈覆舟之状。(第六图)

接于此外斜之南者,为一内斜构造。空山南部,地层单纯,所见不明,迤西至大石碑以南,因褶曲轴之倾下,而有石炭二叠纪之石灰岩出露,内斜构造,遂渐清晰。此内斜西延而

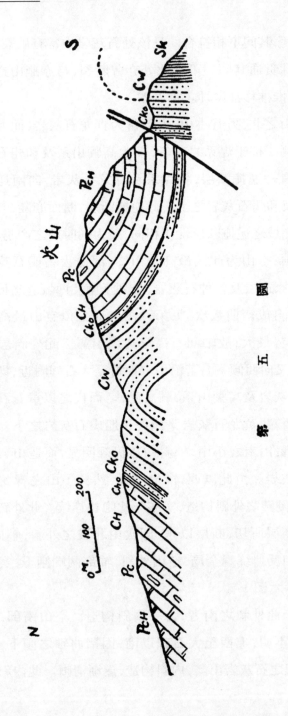

至青龙山尾,京杭国道所经之谷,应为此内斜之轴部。虽地势低下,无岩石露头,然两旁栖霞石灰岩,适成对倾之势,即可见其梗概。(第七图)

空山之南,尖山等罗列成行,皆为乌桐系及高家边层所组成。地层大都直立,甚或倒转,然接于其北者,倾角忽平,其间不相契合,岩石破碎亦甚,似为断裂之征。由此而西至大石碑之南,石灰岩亦呈零乱之象,其一部份变为结晶粗大之方解石,谓为断层所致,亦无不合。且此断层线,适于赤燕山之逆掩断层成一直线,当为其向西延长部份。惟推移距离,愈西愈微。故空山以西地层,不复有缺失之象矣。

横断断层:此区横断断层凡二。一在赤燕山、狼山之间,一在空山、次山之间。二者走向皆北偏西—南偏东,移动方向,二者相反。二断层之中部,狼山、次山,向北推进,成一地垒构造。此二横断断层均将逆掩断层切断,想见其发生时期必略后于逆掩断层。

火成岩侵入体:孟塘一带火成岩侵入最盛,故该处山势,亦不若空山、次山之雄伟挺拔。侵入岩石均为闪长玢岩,石基色绿,含巨大之长石斑晶,颇易辨认。

建德系:甘家山南谷中,有角砾岩露头,岩石外表灰绿,中含浅色角砾。安基山有红色中性斑岩,露头亦不甚广,二者岩性不同,要皆为建德系之一部。

## 第三节　射乌山复内斜

汤山大外斜之北,为一复内斜构造,轴向在东部射乌山

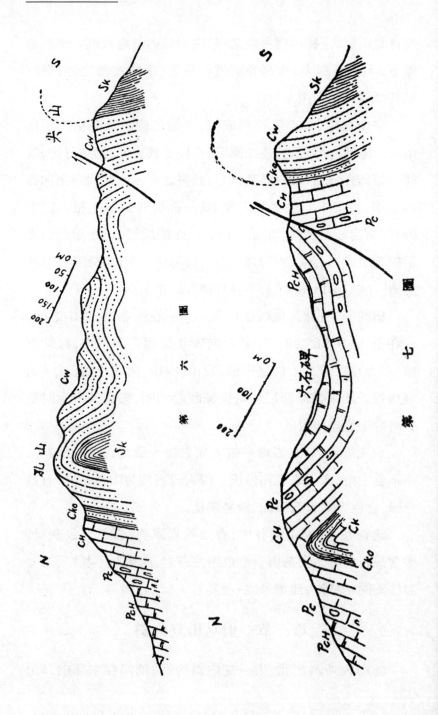

一带为东西向,至五贵山则折而西南,以达高桥门附近。中部西村一带,火成岩侵入甚盛,下蜀系掩盖亦多,故构造欠明。此复内斜以象山层为主要岩层,而黄马系分列于两翼。北翼露头较为完全,因在县境以外,故不述及。南翼东端,黄马系几无出露,究为断层所致,抑或象山系不整合于较古岩层之上,尚无确证。据一般情形而言,当以后说为是。

射乌山附近:射乌山及邻近丘陵,均为象山层所组成,因小褶曲甚多,故岩层出露不全,然就其各处所见者,颇可与钟山之地层次序相比拟。

甲、底部砾岩:见于狮子山者,全为石英砾岩,砾石为石英岩,黏合物亦为矽质。砾石粗大,形状混圆,与钟山所见者相同,厚度亦相埒。

乙、石英岩:射乌山及石洞山顶,皆为石英岩所组成,层理清晰,岩性坚强,与紫霞洞石英岩相当。

丙、页岩及砂质页岩:射乌山南坡中部,皆为页岩及砂质页岩,色多灰黄,相当于陵园砂页岩层。

丁、浅黄砂岩:射乌山南麓,分布最广,率成低阜。其中砂粒粗大,组织疏松,间具彩色环纹,殆与钟山南坡者相同。

射乌山顶之石英岩,倾向西南,倾角自十余度至三十度不等。其南坡岩层,则转倾西北,成一内斜构造。由此而南,岩层又往复转折,而成外斜、内斜各一,然后南接于青龙石灰岩。狮子山之石英砾岩亦成一外斜,而附以小型之内斜于其南,盖与射乌山南者相衔接。

射乌山顶,有玄武岩掩覆于象山层之上,作不整合接触。露头面积，不过数十方丈，色深黑，气孔甚多，与方山所见之一部相同。想见玄武岩喷流之际，必遍及于大江南北，惟江宁北向所留者，只此而已。

孟塘西之大路侧，有石灰角砾岩露头，砾石全为石灰岩，棱角尖锐，以红色钙质黏合之。走向东西，倾角直立，与其南之青龙灰岩相同。朱森先生谓孟塘附近有黄马系底部砾岩，未知是否指此。惟此角砾岩附近，未见黄马系紫色页岩，而角砾岩走向倾斜，均与青龙灰岩一致，破碎亦不甚烈，似或为青龙灰岩之上部，受溶解或其他作用而成，惜露头狭小，无由探其究竟耳。

火成岩侵入体：射乌山东南坡，侵入岩体最巨。其山顶西侧，亦有一小露头，当为下部巨大侵入体之旁枝。岩性率为酸性或中性斑岩，与孟塘附近者，大致相同。

东流镇附近：东流镇坟头村间，三五丘陵，自成一组。其间黄马系及象山层下部岩层，出露甚多，自成内斜、外斜各一，锁石村附近，为断层所切，使黄马系重复出露。（见第八面图）

东流镇东之小山，有正断层二，皆作北北西—南南东之走向，西侧上升，故黄马系及青龙石灰岩，出露于断层之东，而与象山层相并列。

此间地层，皆向东南或东北倾侧，褶曲轴显向东倾，黄马系皆见于西部，故朱森先生谓射乌山为一长形盆地。但统观全局，内斜构造，仍向西南延长，惟东流镇附近褶曲轴略见隆起耳。

象山层与较古地层之不整合接触：五贵山之象山层底部砾岩，与其下之黄马系倾角相同，无不整合现象。在慈荫寺南之低阜，西坡为青龙石灰岩，山顶即象山层底部砾岩，而数百公尺之黄马系竟完全缺失，其间亦无断裂之象。可见象山层沉积之先，必有地壳运动，而继之以长期侵蚀也。此青龙石灰岩之顶部，有石灰角砾岩，为青龙石灰岩顶部常有之现象。

西村附近：西村东北之山，略作南北向之延长。山顶全为象山层底部砾岩，坡间则为黄马系。黄马系紫红色砂质页岩中，含有柱状构造，直径五六公厘，常与层面相垂直。内部为红色砂质，无明显之构造，是否为生物遗迹尚不可考。此山东坡之黄马系，色非紫红，但经火成岩之热力影响而致退色者，可见此间火成岩侵入体，位置当不甚深也。

火成岩侵入体：西村左近，象山层不复出露，内斜构造，不复可寻。火成岩体，分布极广。火成岩偶有一二石灰岩露头点缀于其间。岩石变质甚深，岩性无由识别，惟林山东北隅所见者，仍呈薄层状，故应为青龙石灰岩。

火成岩均为深成岩类，晶粒不甚粗大。其成分近于酸性，惟含石英量较少，铁镁质矿物亦不多观，与寻常所见之花岗岩，微有不同。

铜山、西山一带：西村花岗岩侵入体之南，象山层及黄马系又见出露，与射乌山复内斜相连，而为其东南翼。铜山、西山以及迤南诸丘陵，皆以象山层底部砾岩为山脊，石英岩列于西坡，黄马系见于东麓。大致作东北—西南走向，倾向西北四十度左右，与黄龙山之较古地层约略相合。

黄马系与青龙石灰岩之接触处，为浮土所掩，未有呈露。惟铜山东北，距青龙石灰岩不远之处，见有钙质页岩，色亦紫红，似为黄马系之下部。黄马系厚度，据此间出露者计之，当不愈六百公尺，恐不足以代表其全部。

象山层与黄马系之关系，据此间岩层倾侧情形，似无重大不合。想见象山层以前之运动，在若干地带，虽甚显著，钟山以南各处，似无猛烈之褶曲现象。其运动之程度，较之燕山运动，未免逊色[①]。

铜山、西山，均为内斜层之东南翼。由此而西，平原广衍，露头稀少。遥望钟山，颇有对峙之势，谓为同一内斜之西北翼，似颇可信。惟相距甚远，而钟山构造，又有自成一单位之势，推源其故，当为一饶有兴味之问题也。

## 第四节　龙王山外斜

龙王山及其西之灵山，均为青龙石灰岩所构成，大致为一外斜构造，紧接于射乌山复内斜之北。外斜轴向为北东东—南西西，东起县境东北之漳桥，西迄仙鹤门附近。由此以西，山势下伏。青龙石灰岩，遂隐埋于黄马系之下，而外斜构造，亦遂不复可寻。惟麒麟门、仙鹤门间，火成岩侵入体间，仍时有青龙石灰岩零星散布，殆为此外斜折向西南之迹。

此外斜构造之南翼，与射乌山复内斜之北翼隐相衔接。青龙石灰岩之上，有黄马系及象山层，依次出露，倾角亦相符

---

① 金子运动及南象运动，最近章鸿钊先生均视为造陆运动，见《地质论评》一卷三期。

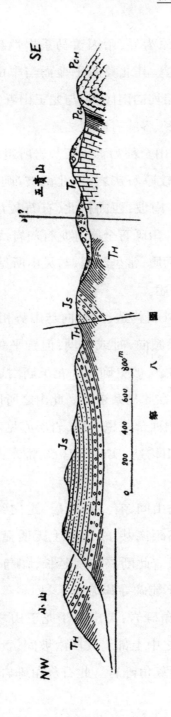

合。惟其间以平原为界,殆因黄马系岩性疏松,易于侵蚀之故,谅无构造问题。其北翼隔平地而与羊山、仙鹤观诸山相望。羊山等处地层均向南倾斜,与龙王山者颇有相对之势,惟其间地层缺乏甚多,容或有断裂之迹。

龙王山:龙王山全部为青龙石灰岩所组成。其山脊部份,均为该系中部之较厚石灰岩,南北两坡,则为该系顶部之极薄灰岩,惟此山东南坡,西岗村北,有石灰角砾岩出现,径接于极薄灰岩之上。角砾石全属青龙石灰岩,大小不一,棱角尖锐。黏合物亦为钙质,常呈红色,与灵山所见者相同。惟此间为量较少,故不详述。

龙王山为一外斜构造,其轴向与山势相同。其中复有若干小褶曲,故地层倾向,时或变动,但皆平缓,无损于大体构造,谓为复外斜构造,似更确当。龙王庙附近之地层走向,呈环抱之势,外斜轴在此显系东倾。此山之所以东尽于漳桥者,殆即以此。龙王山西部之鬼头山,岩层亦见环转,轴倾则系向西者。故统观全山构造,实略具穹状,惟东西延长甚远,故仍称为外斜构造。

龙王山、鬼头山间,有一横断层,走向约为南北,将外斜构造切断,其推移距离甚小,地层上无明显之迹。惟岩层走向,略有掖转而已。此断层向南延长,似与小山中之断层相接,惜中隔平原,不能确寻其踪迹耳。

灵山之石灰角砾岩:灵山位于龙王山之西,出露岩层亦全为青龙石灰岩之中上部。其西南坡间,青龙石灰岩顶部极薄灰岩之上,有石灰角砾岩。此石灰角砾岩又可分为二部。

下部为角砾岩，角砾全为青龙石灰岩，直径大率为三四公分，亦有极细者，黏合物为红色或黄色之钙质。上部为灰黄色不纯灰岩及角砾岩，受风化作用较深，常成疏松之状。

此角砾岩径覆于青龙石灰岩之顶部，层次不甚清晰，故倾角极难测求，但就大体观察，颇与其下之青龙石灰岩相同。其顶部掩埋于下蜀系之下，或与浦口层成不整合接触，朱森先生谓黄马系底部有砾岩及角砾岩，但考其图籍，则此山间全为青龙石灰岩，然则此角砾岩，固非朱先生所谓黄马系底部之物。意者青龙石灰岩沉积之后，地壳曾一度隆起，致青龙石灰岩顶部，裂为角砾，旋复下沉水底，而有钙质黏合物之沉积。惟此次隆起之时间甚暂，亦无猛烈之褶曲及断层作用，故以后沉积物之性质及岩层倾向仍大致相同也。（第九图）

浦口层：灵山南坡山麓，有红色砾岩，掩盖于角砾岩。砾石除石灰岩外，并有火成岩及石灰角砾岩，可见其与角砾岩不相连续，而火成岩之存在，更足以确证其为浦口层。

灵山穹状构造：灵山之穹状构造，形势甚显，盖四周地层，皆向外倾斜也。惟其间小褶曲甚多，故岩层倾向，颇多变化。此小褶曲之轴向皆为东西向，且均呈向北倾斜之势。可见此间造山动力，仍以由南向北者为主。其所以成穹状者，或为以后东西向之侧压力所成。

火成岩侵入体：灵山南坡，西流村北，有火成岩侵入于青龙石灰岩之中。岩体成岩堵状，作东西向之延长，与岩层走向相同。其成分以长石为主，间以黑云母及角闪石，而无石英，当属正长岩类，与西村以北者显有连带关系。此间露头，风化

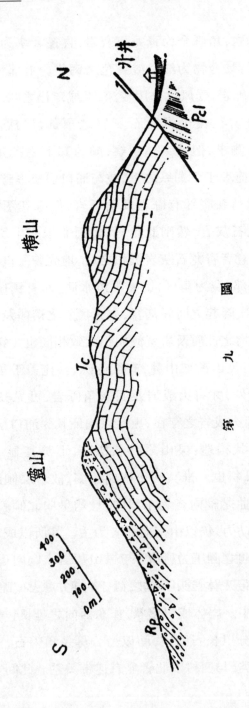

极深,岩性松软。现正开采,以供筑路之用。

乌山正断层:乌山在灵山之北,亦以青龙石灰岩为主要造山岩石。倾斜大致向北,倾角平缓;其间偶有微小褶曲,情形与灵山相同。此山西南坡间,初见龙潭煤系之砂岩,次为青龙石灰岩之底部页状灰岩及中部之薄层石灰岩,依次排列。倾角峻陡,几近垂直。及至岗顶,则青龙石灰岩底部之页状灰岩,又复出露,倾斜向北二十五度,与上述之岩层,次序既见重复,倾角亦显不一致。其接触之处,岩石破碎甚烈,显为一断层。断层面走向东西,倾角几近直立。由此东延,断层线由山腰折而南去。此断层之推移性质,确为一南侧下陷之正断层,而断层面弯曲如此,颇难理解。

乌山东南坡间亦有一正断层。断层南侧为青龙石灰岩之中部石灰岩,其北则为其底部页状石灰岩。断层面略向南倾,南侧下陷,致使断层面附近之岩石呈局部之挠曲,甚为显著。此断层与乌山西南坡者性质相同,虽地位略异,不能径相连接,而其为同一动力之产品,则无疑义。(第十图)

灵山逆掩断层:灵山一带,全为青龙石灰岩,而三山之间,地势低洼,乃有龙潭煤系出露。观其岩石分布之状,似为一外斜构造,细考岩层斜向,则又不然。此间煤系,倒转向南,倾角自四十度以至直立不等,与灵山灰岩之倾向适相反。灵山北麓,距石灰岩露头不远之处,有煤井甚多,皆沿煤层方向,向南开掘,深达十余丈。其采煤地点,有在于灰岩露头之下者。据矿中人言,井下煤层,仍向南倾,煤质亦愈下愈佳。可见此煤层与石灰岩之间,不相衔接,必有断层存在。去年在灵山、横山之间,开凿直井,距地面十七丈间均为石灰岩,石灰岩之下为钙质红白色土,其中常见断层磨面,显系断层面间之物,更下为灰色及黑色页岩,显为煤系中物。就此断层土之位置及山麓之石灰岩露头之关系估计之,知此断层面倾斜向南,倾角不逾四十度,为一低角度之逆掩断层。将灵山之青龙石灰岩,向北逆掩于龙潭煤系所组成之外斜南翼之上,惟此逆掩断层之东西延长线,均乏明证,斯可异耳。(第十一图)

逆掩断层之发生当与青龙石灰岩之褶曲不无关系,观于石灰岩褶曲向北倾侧,即可见其梗概。更就附近各山之造山期相参证,则此逆掩断层,当亦为燕山运动之产物。

## 第五节　羊山、仙鹤观逆掩断层

灵山、龙王山之北,仙鹤观一带低阜,东西绵延,长达八公里,惟山势低平,远逊于灵山及龙王山诸峰。造山岩石,以象山层砂岩及黄龙石灰岩为主,而高骊山系介乎其间。高骊山系与象山层之间为一逆掩断层,将黄龙石灰岩等向北逆掩于象山层之上。此逆掩断层东起于西山、后头山之北,经羊山、丁山而至仙鹤观,由此以西至南京市境之杨坊山,东西延长逾十公里,惟其西端不在此区范围以内,故不论及。

西山及后头山:西山北侧凹间,此逆掩断层表示最显。山凹北侧全为象山层砂岩。砂岩之南,首见高骊山系黄色砂岩及紫红色页岩,南接于厚数公尺之金陵石灰岩之上。石灰岩之南复为高骊山系,其间成一外斜构造,而以金陵石灰岩为其核心。至西山高处,则全为灰黄色之石灰岩,疏松多孔,

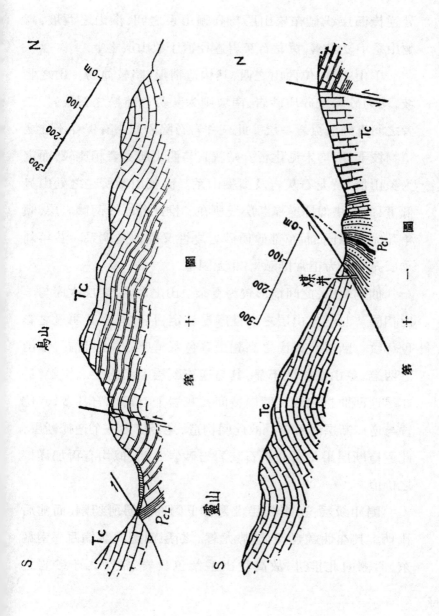

岩性特异,亦无化石,依其层位之关系,定为黄龙石灰岩。此处逆掩断层线显在象山层与高骊山系之间,惟山之西坡,高骊山系不复出露,黄龙石灰岩遂径覆于象山层之上。

羊山:羊山位西山之西,其构造情形,略较简易。山之北坡,均为砂岩及矽质砂岩,南坡则为灰黄色疏松之石灰岩,二者之间有红色页岩一层。此三种岩石除砂岩中有保存不佳之植物枝干外,均未见化石。姑就其与西山所见者相比较,而定为象山层、黄龙石灰岩及高骊山系。高骊山系所在之处山势低下,而沟槽似即逆掩断层线所在。惟此断层线两侧岩层,倾角几完全相同,而东部矽质砂岩之性又颇似乌桐系。昔年刘季辰先生视为正常接触[1],非无因也。

仙鹤观山:此间情形较为复杂。山之东端,岩层次序与羊山相同。北侧象山层之岩性颇易认定,且时有不甚明显之彩色环纹。断层线以南之高骊山系色彩鲜明,亦当可信。惟山之西端,象山层岩性不显,其与逆掩断层上盘岩层之接触线,亦尽迂回曲折之致。西南坡间石灰岩上有角砾岩甚多,其位置与逆掩断层线不符。故此间构造,是否仅为一个逆掩断层,此逆掩断层果是否介乎石灰岩与砂岩之间,似均有再加详探之价值。

侧冲断层:逆掩断层线为若干侧冲断层所切割,而前后错动。其在仙鹤观者,情势尤著。断层面走向北偏西—南偏东,西侧向北推进,故高骊山系紫色页岩,常突入于砂岩之

---

① 见《江苏地质图》第一分图。

间。此侧冲断层之发生,当在逆掩断层之后。其推动情形,与本区南段者大致相同,想非局部现象。

此间逆掩断层之存在,当无疑义。惟其一部分岩层之地质时代及逆掩断层线之位置,似尚有可加讨论之处。

关于地层者:

(1)羊山及仙鹤观西部之矽质砂岩,与他处所见之乌桐系不同,而与象山层下部相似。惟杨坊山一带之乌桐系,亦为粗粒砂岩,且偶有红黄彩环,与仙鹤观者岩性既完全相同,其地质上及地理上之位置,亦无二致。杨坊山者既为乌桐系,仙鹤观者当亦有为乌桐系之可能。

(2)仙鹤观、羊山及西山之石灰岩,色均灰黄,疏松多孔,或呈极薄之层理,与寻常所见之黄龙石灰岩,绝不相侔,反与西村附近火成岩间之青龙石灰岩酷肖,惟无化石,无由决定,不得不依其岩层之关系而纳诸黄龙灰岩中,复以其岩性之特异情形,谓为变质及风化之结果。然此间并无火成岩之露头,石灰岩变质情形,亦与其距逆掩断层线之远近无关。然则变质之原动力固何在耶,斯又一可疑之点也。

(3)仙鹤观北坡,石灰岩之底部与砂岩接触之处,见有少数砂岩碎块包藏于灰岩之中。然则石灰岩与砂岩之间,未必有断裂之象,不过亦沉积之间断而已。若此砂岩为象山层,则石灰岩必为侏罗纪以后之物,江南一带,尚无此例,未敢深信。若谓灰岩为黄龙石灰岩,则砂岩应为乌桐系或高骊山系,以岩性而论,尤以前者为可信。然则逆掩断层线,必在此山北麓之某一地带,而事实上并未见及何也。

（4）高骊山系之厚度，通常不过一二十公尺而已，而此间所见者达三十公尺以上，其色亦全部紫红，与他处不尽相同。此高骊山系，位在逆掩断层线附近。以常情论，必受压挤而厚度减小，今乃反是，毋乃可异之事。

关于逆掩断层者：

（1）断层线两侧，岩层倾角，几无差别。此虽非不可能者，要亦为特异之现象。

（2）断层线一带常成低凹，此乃由于高骊山系岩性松软，易于侵蚀所致，未必为断层之证据。而高骊山系破碎之象，亦为此系岩石风化后常有之现象，他处亦可见之，与断层面间之压挤无关。

（3）高骊山系既为软弱之岩层，断层发生于此，自为应有之现象。然此系何以全部附着于逆掩断层之上盘，而其间又乏明显之引掖褶曲。揆诸常情，则此软弱之页岩，当断裂之际，必破碎零乱，而充填于断层面间，不能随断层之上盘向上推行至甚远之处，更不能经此猛裂之推移而不发生破碎或挠曲之象也。

总上所述各点，可知此逆掩断层之详细情形，颇有详加探求之必要，而化石之搜寻，允为要图。此次曾作数小时之寻觅，仍无所获。详细工作，当俟诸异日也。

## 第六节　象山褶曲

羊山、仙鹤观逆掩断层之北，出露岩石几全为象山层砂岩。其间构造，以褶曲为主，地层倾角平缓，断层稀少，与南部较古地层之构造，显不相同。可见此间主要造山运动，虽以燕山期为最著，而以前之运动，实亦具相当之重要性也。

丁山、西山外斜：羊山、仙鹤观之逆掩断层，将较古岩层，向北掩覆于象山层之上。接近此逆掩断层之象山层，皆倾向南或东南，迤北不远，倾向即向北或西北，其间显成一外斜构造。此外斜之轴，西部走向东西，东端渐折为北东东—南西西，故西山附近，此外斜之南翼，出露较多。

西沟古镇附近，有青龙石灰岩及石灰角砾岩出露。后者应为青龙石灰岩顶部。依其位置而言，似为西山外斜之向东延长部份。

乌龟山内斜：接于丁山、西山外斜之北者为一内斜构造。东部乌龟山、中山之间，显示最佳。两翼地层，走向不相平行，而呈向东北环抱之势，故此内斜，实略向西倾。由此迤西至丁山、南象山间，岩层遥相对倾，亦具内斜之局，惟形势不甚显著耳。

峨眉山、后头山一带之象山层砂岩，因下蜀系掩盖甚深，构造不甚了了，然大致亦呈内斜之势，殆即乌龟山内斜之向东延长部份。

南象山外斜：南象山自成一外斜构造，径接于上述内斜之北。轴向东北—西南，与象山山势相同。在象山东南坡，此外斜之轴部有栖霞灰岩出露，象山层不整合于其上，颇为明显。外斜西北翼，范围最广，京沪铁路南侧诸山皆属之。至铁路以北，因下蜀系覆盖，乃无岩石出露。此外斜仅见于南象山附近。东部栖霞山南侧，乌龟山内斜北翼，即与较古岩层相接,似不复有外斜之迹。然细考栖霞山之构造,其南部千佛岭、景致岗一带之象山系,亦成一外斜构造,其轴部因侵蚀较深,而有较古岩层出露,与南象山之情形,正复相同。惟此外斜层乃轴倾向西者,故较古岩层之出露于栖霞山者,自应多于南象山。二者之形势虽殊,构造上仍为一体。

上述外斜及内斜构造,虽似东西一贯,互相衔接。细考其关系,实前后错断,不相连续。其间似有一正断层在焉。此断层北起江边,经栖霞山西麓,而至羊山东脚。羊山、西山之逆掩断层线,似亦受其影响,故知此断层之发生,必后于逆掩断层。羊山以南,乌山、鬼头山间,无断裂之征,故此断层之移动量,显有北盛南衰之势。

象山层与较古岩层之不整合:南象山东南坡衡阳寺南,有栖霞石灰岩及弧峰层,出露于象山层之下。此栖霞石灰岩,走向北五十五度东,倾向西北八十度。其上之象山层,则分向东南及西北倾斜,倾角平缓,呈不整合接触。象山运动,于此最著。惟岩层走向,大致相同,可见象山层沉积之先,栖霞层走向,原亦为东北—西南者,惟倾角不过三四十度。及象山层褶曲时,其下之栖霞石灰岩,亦再度褶曲,而此次褶曲轴向,仍与前此者大致相同,然则象山层沉积前后之两次侧压力,方向当无大差异。

象山层中之彩环:象山层岩石,以粗粒砂岩为主,间以页岩层。全部颜色,以灰黄为主,惟页岩之中,色较复杂。此乃由于所含植物质之多寡及氧化程度之不同所致。砂岩之中常具美丽之彩环,允为此层之特征。环色深者紫红,浅者棕黄,当为氧化铁质。考其成因,殆与黏合物之成分有关。盖象山砂岩之黏合物,非尽矽质,其间黏土甚多,钙质亦偶有渗入,故易为潜水所侵。潜水初循节理而行,继向岩石中间浸进。故彩环之初生者,不成环状,而为不规则之多边形,其边缘即与节理平行。各环色彩,亦以外部较深,若浸进较久,则多角形棱角渐失,而成椭圆或混圆形。氧化铁亦集中于核心,环纹色泽,亦遂内部较浓矣。

## 第七节　栖霞块状山

栖霞山耸峙于京沪铁路南侧,其构造之复杂,为全县诸山之冠。中央研究院李四光、朱森两先生,曾作详细之研究,印有五千分之一地质图一幅。朱森先生所著《宁镇山脉地质》一书中,更有详尽之叙述。作者此次调查时间较短,在此山之观察,尤欠周详。姑将朱先生所述者,略为介绍。

地层:栖霞山出露之地层甚多,自高家边层以至建德系,完全齐备。惟构造复杂,断层纵横其间,故各种地层,鲜有全部出现者,至各层之岩性及所含化石,大致与宁镇一带所见者相同,兹不多赘。

构造:栖霞山地层分布,北古而南新,似为一单斜构造。细考其构造详情,则褶曲及断层现象,均甚复杂。兹分别述之。

**甲、褶曲**

1. 前象山层地层中褶曲

栖霞寺以东,龙潭煤系露出甚多。其南北两侧,均为栖霞石灰岩,惟在南者南倾,在北者北倾,故为一扇形之内斜构造。

接于上述内斜之南者为一外斜构造。在牛头山一带,乌桐系及金陵石灰岩,占其轴心,而黄龙、船山诸石灰岩,分列于两翼,至西部则没入象山层之下,而不复可寻。

山之东侧,大士井之南,船山石灰岩及栖霞层成一扇形外斜构造,接于其北者,又为一扇形内斜层。此内斜及外斜,实皆向西延长,以至栖霞寺附近,惟中为断层所经,又为象山层所掩,故西部形势欠透耳。

2. 象山层之褶曲

象山层中之褶曲,常因断层及侵蚀作用之影响而不完全。其在山西北侧者,有黑石垱之外斜及赵家凹之内斜。山之中南部,则有千佛岭半山土地之内斜及千佛岭与景致岗间之外斜。至赵家凹内斜与千佛岭内斜之间,本有一外斜层,因侵蚀作用,而象山层不复留存。

**乙、断层**

1. 走向逆掩断层

a. 黑石垱、老虎头逆掩断层:此逆掩断层,约作北东东—南西西之走向,向南逆掩,故西部象山层与乌桐系相接,东部则乌桐系显系重复。

b. 三茅宫逆掩断层:由三茅宫下向东延长,以达仙人洞附近,皆有逆掩之迹可寻。此断层亦为向南逆掩者,将乌桐系掩覆于各种较新岩层之上。

c. 牛头山逆掩断层:牛头山外斜层之南翼,为一向北之逆掩断层,其东牛尾山间亦有逆掩之迹,二者应相连续,今为横断断层所截。

2. 走向正断层

a. 千佛岭北至大士井南正断层:此断层西起千佛岭北东经三茅宫下,而达大士井南,使象山层径与栖霞层相接。

b. 黑石垱北至落星台之正断层:此断层横贯山之北部,使乌桐系与象山层并列,惟其东端则与逆掩断层汇而为一。

3. 横断断层

横断断层之最大者,当推上营子南以至景致岗之断层。断层面近于直立,或稍倾西向,将走向正断层及逆掩断层切断。

此外如三茅宫西坡、仙人洞附近、九龙庙侧及牛头山牛尾山间,皆有横断断层。其性质大致相同,惟九龙庙之断层似发生于煤系沉积之前,而仙人洞之断层,则应属前建德系之产物。

栖霞山东西两侧,地形既忽然低下,岩层亦不相衔接,其间各有一正断层,致使栖霞山上升。

# 第八节　江边阶地

栖霞山西北,浦口层砾岩,构成峭壁,高约四十公尺,面江而立,势甚雄伟,浦口层上,覆以下蜀系黏土,成一阶地。向西南展布,直达京沪路旁,其间岩石露头,零星散乱,故地质构造情形,殊欠明晰。

浦口层:此层出露,皆沿江岸。东起栖霞山北之小金庄,西至县市接壤处,势犹未绝。其间岩石,均为紫红色粗砾岩。卵石以石灰岩为大宗,石英岩及建德系火山岩亦偶有见及。卵形巨大,而尤以石英岩为最,盖其性坚固,不易磨损也。黏合物为紫红粗砂,故岩石色彩皆呈紫红。在破门岗山间,有人工开掘之处,取其砂土,以供筑路之用。该处岩石,性质与江边者略有不同。其中卵石,几全为建德系玢岩,大者径逾二十公分,细者仅二三公分。黏合物色亦紫红,而为量特多,殆为浦口层底部之物,故卵石特大,而成分亦全属建德层也。

浦口层大致走向东西,或略偏东南,倾向北或略偏东,倾角不逾十度。想见其沉积之后,未经猛烈之地壳运动,其与较古岩层之关系,在此未有出露。若就其岩性言之,似应为不整合者。

象山层:距江稍远之处,下蜀系下,常有象山层出露。其在甘家巷西杨家边山侧者,为粗石英砾岩,当为象山层底部。迤西至太平山,则为石英砂岩,具彩色环纹甚多。此砂岩之上为页岩及砂质页岩,色以棕黄为主,间呈紫色或净白,殆与钟山之陵园砂页岩及紫霞洞层相当。

尧化门南,江南铁路开山之处,砂岩及页岩出露甚多。间呈彩环,似为象山层。斜向西北,斜角二十二度,亦与其东之象山层相同,其底部有局部紫红之页岩甚多,惟岩性与黄马系及高家边层均不相似,当仍为象山层之一部。此开掘处之南端有酸性侵入岩露头,殆与钟山北坡者相连接。

下蜀系阶地:江岸浦口层砾岩之上,皆有下蜀系掩盖。高出江边平地约四十公尺,东西绵延,绝少中断之处。顶部极平,显成阶地地形。由此而南,以至京沪铁路,下蜀系分布极广,惟南部丘陵散乱,高度递减,故遥望阶地地面,似有向南倾下之势。盖沿江一带,浦口层位置较高,下蜀系受其维护,故侵蚀较缓也。

沿江大断层:江边削壁,虽不甚高,而峻陡异常。除东端稍有冲积平原外,江流直逼崖下,势极雄伟。考长江南岸,此种悬崖,在苏皖边境,几为常见之现象。其生成原因,当与江流之冲激有关,而断层之陷落,实奠其基础,此断层走向,约为东西,与此间江流相平行。北侧下陷,致成此面北之绝壁。其发生时期,当在浦口层沉积之后(茅山运动)。

## 第九节　青龙、银凤外斜

此区东北接汤山穹地,西南连黄龙、大连外斜,实为汤山大外斜之一段。此外斜轴走向东北—西南,以高家边层为其轴心。因岩性松软,故成低凹。两侧有乌桐系及各种石灰岩依次出露,山势皆甚雄伟,高度率在二三百公尺间,堪与汤山等相拮抗。外斜层之东南翼,地层倾角平坦,故银凤山、西山南坡,山势平缓。西北翼青龙山一带,岩层倾角峻陡,又因龙潭煤系岩质松软,致山岭分为二支,东西并列,同向西南延展,以接于黄龙山。地形于岩层之关系,于此极显。

银凤山:银凤山为此外斜南翼之最高峰。山间地层,自高家边层以至栖霞石灰岩,依次罗列,程序井然。各层性质,与他处所见者,大致相同,故不赘述。惟东南坡间,有金陵石灰岩露头,长达六十公尺,厚亦五公尺许,允为罕见之现象。

其东马祈稍附近，栖霞石灰岩之上，有砂质岩一层，殆系孤峰层。其上砂页岩，当为龙潭煤系之下部。

此山构造简单，岩层走向北偏东六十五度至七十五度，倾角向南二十度至二十二度，大致无甚差异，惟东麓欧家庄左近，走向渐为东西。盖外斜之轴，略有转折也。

建德系：建德层露头，以银凤山、北枯山为最佳。岩石为流纹岩，颜色鲜红，石理细致，性极坚强，故于高家边层之中矗为孤峰。银凤山南之九胡村附近，亦有建德系露头。散见于下蜀系黏土之下。色多浅灰，性甚疏松，似为凝灰岩类。

金山页岩之变质：枯山以东之金山一带，虽为高家边层，而岩性坚强，致山势与枯山相似。该山页岩，已全部变质，庞然巨块，已无页岩层理之迹，色亦紫红，不若高家边层之常带黄绿，其中一部份，复成角砾状。骤睹之，几疑为喷出岩类，细考其成分仍为砂土，惟坚硬逾恒耳。朱森先生谓为火成岩侵体之熟力变质作用，虽无佐证，亦颇可信。

浦口层：欧家庄以东，汤山之南，下蜀系下常有红色砂岩及砾岩出露，在马路开掘之处，所见尤为清晰。其在欧家庄东者，以砾岩为主。砾石几全为当地之变质页岩，大者径达三公分，棱角不甚尖锐，以红色砂质胶合之。其上砂岩，色亦紫红。惟质皆疏松，与他处之浦口层微有不同，但其色较深，亦与赤山层不类，故仍谓为浦口层。

砂岩及砾岩，走向率为北偏西七十五度至八十度，倾向北约三十度左右，显与较古地层不相符合，而与地形颇有关系。盖此层地位，适当高山东北麓。岩层背山倾侧，自为沉积时应有之现象。然则浦口层沉积之先,银凤山一带山形,已具雏形矣。更就其所含变质页岩砾推之,可知浦口层之沉积,已在变质作用完成之后。若此变质作用,果由于火成岩之侵入,则火成岩侵入之期,又必在浦口层以前,与他处所见者正同。

欧家庄东路侧,浦口层砂岩之中,显有褶曲及断层作用(见第十二图),则浦口层以后之地壳运动(茅山运动),此间未尝不受其影响。惟力量微弱,不足以使大体构造,有所改变耳。

西山正断层:西山在银凤山之西南,出露岩层,亦完全相同,惟构造略较复杂。龙泉寺以西之高家边层及乌桐石英岩,排列整齐,走向率为北偏东五十度左右,倾向东南二十余度,至西山本身,则多转倾西南,倾角亦为二十余度,此走向之突变,实断层有以致之。西山断层,主要者二,走向约为南偏东—北偏西,与地层走向约相垂直。其推移方向,依地层位置测之,二者适相反。西山顶部,向下坠落,而成地堑构造。故黄龙石灰岩,向北伸入于乌桐石英岩间,惟西侧之断层,北端又歧而为二,使龙泉寺后之黄龙石灰岩,又坠于石英岩间,盖又成一地堑矣。

西山东侧,悬崖壁立,高三十公尺,故亦谓之半边山。此崖适当断层线上,似为断层崖。然细考断层之推移方向,乃西侧下陷者,今此崖东面而立,适与理想之方向相反。推源其故,约有二说:(1)断层发生之后,东侧高耸。其后侵剥之速度不同,致断层两侧之高低之位置互易,悬崖遂反其方向。此种悬崖应称为断层线崖,而非简单之断层崖。(2)或者断层两

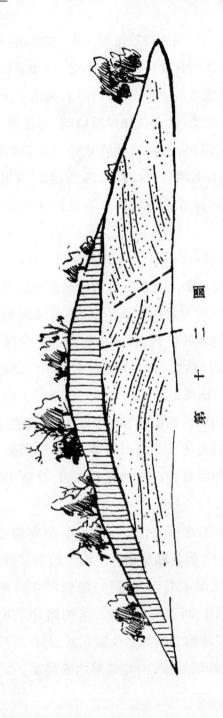

第十二图

侧间之推移,并非铅直,而近于水平。西侧北进,或略向上斜行( 移动方向之垂直角度,小于地层倾角 )。则此断层虽似西侧下陷,事实上或适相反,然则西部耸高,自为应有之现象。证诸其他横断断层,率为侧冲断层,则水平推移之说,更可征信。

马祈稍附近,黄龙、船山、栖霞诸石灰岩,均不相连续,应有正断层二。走向均为南北,中部上升,而成地垒构造。

青龙山之地层:青龙山之地层,最称完备,自高家边层以至青龙石灰岩,靡不呈露,且次序井然,绝无缺失。兹将青龙山中部所见者,述之如下:

1—3. 高家边层

1. 细致黄绿色页岩,层次极薄,风化面上显示片状,其底部未露出    400m.+

2. 浅黄粗砂岩,偶有石英石夹于其中    50m.

3. 掩盖部份,大致为高家边层顶部    80m.

4—8. 乌桐系

4. 石英砾岩,卵石率在一公分左右    2m.

5. 净白石英岩,表面常因铁质渲染而呈紫红    80m.

6. 浅黄色砂质页岩    20m.

7. 薄层灰白石英岩    40m.

8. 掩盖部份,大致为乌桐系顶部砂质页岩    5m.

9. 高骊山系,出露不佳,与乌桐系之界限不明

10—11. 黄龙灰岩

10. 矽质灰岩。其底部数公尺表面深黑,显示裂缝甚多。

上部色浅灰,含少量燧石结核　20m.

11. 灰白及浅红块状灰岩,含 Fusulinella bocki　70m.

12. 船山灰岩,下部色灰白,含有球状核结及化石 Swagerina princeps 及 Bellelophon　38m.

13—14. 栖霞层

13. 黑色石灰岩,含植物质甚多,具特殊臭味　35m.

14. 深灰色石灰岩,含燧石结核极多　70m.

上述岩层,大致齐备。所缺者惟金陵石灰岩及和州石灰岩耳。但此山东北部,曾见金陵灰岩露头极佳,含有多量腕足类化石,稍南凹间亦有和州灰岩出露,惟范围均不甚广。

五贵山之龙潭煤系:青龙山西,虽有龙潭煤系出露,但皆不全。惟京杭国道之北,五贵山南端现露最佳。该山极南部为一栖霞石灰岩所组成之外斜层。其北翼有龙潭煤系及孤峰层出露。此间所见煤系岩石,约分为四部:(1)黄色粗砂岩;(2)为灰色及黄色页岩;(3)黑色页岩,含煤层一;(4)深灰色不纯石灰岩。石灰岩之上,因砾石及土壤之掩盖,无露头可寻。此石灰岩厚不逾二公尺,中含腕足类化石甚多。经孙定一先生检定有下列各种:

1.Spinomarginifera kueichowensis Huang

2.Spino marginifera sp.

3.Squamularia cf. grandis Chao

4. Squamularia cf. calori Gemmellaro

5.Squamularia indica Waagen

6.Squamularia sp.

7.Parenteletes sp.

8.Martinia sp.

凳子山之青龙石灰岩:凳子山之青龙石灰岩,因褶曲甚多,故厚度之测算,不易准确。兹述其大概情形如下:

1. 下部页状石灰岩,层次极薄,色皆灰黄。其最下部为钙质页岩与龙潭煤系间,无明显之界限。　150m.

2. 中部为薄层状石灰岩,层厚有达一公寸以上者。色皆深灰,或带棕红。　180m.

3. 中上部亦为薄层状石灰岩,色常浅红。层厚不过一二公分,但常有数层相合,故遥望之层次似甚厚。灰岩之间,常有红色页岩,参夹其间。　200m.

4. 齐家边附近,见有石灰角砾岩。其中角砾,全为青龙灰岩,以红色钙质黏合之。层次不甚深晰,但就露头分布情形观,当与(3)相合。　25m.

5. 角砾岩之上为浅红色灰岩。质欠纯净,性亦疏松,似曾经变质作用者。　20m.+

上述(4)(5)二层,出露不多。惟灵山南坡,亦见此种岩层,其居位之关系,当无错讹也。

栖霞石灰岩与龙潭煤系间之不整合:二叠纪中之不整合现象,李四光先生即于青龙山麓,首先发现①。考此间不整合之现象,有下列数端,足资证明:(1)若干横断断层在栖霞石灰岩中表显甚多,至煤系而止。(2)龙潭煤系,有径覆于黄

---

① 《中国地质学会会志》第十一卷第二期第217页。

龙及船山石灰岩之上者。(3)青龙山岩层,自高家边层以至栖霞石灰岩,倾角皆近垂直,而龙潭煤系及青龙石灰岩,皆西北倾,倾角不及五十度,其间显不符合。

青龙山间之横断断层:青龙山间,横断断层最多。若循山脊高骊山系与黄龙石灰岩之接触带而行,每隔数十公尺或数百公尺,必有断裂之迹。甚或多数小断层,丛集一处,使岩石破碎零乱,成一断裂带。而石英岩中的节理,皆与地层走向相垂直,显与断层之发生,有密切关系。

断层走向,皆与地层走向相垂直。其在朱山者为北偏西六十度,愈北则偏西愈少,至坟头附近,则仅偏西四十度而已。盖地层走向,依山势而环抱,断层亦随之偏转,乃呈放射之状,此种断层皆为侧冲断层。断面直立,推向水平。其发生原因,由于侧压力,不若寻常正断层之受制于大地之引力也。

横断断层之发生,有集中于若干地带之势。据图中所示,约分为朱山、象山及坟头三区。每区皆有较大之断层二个以上,故山形亦皆在此中断。除此而外,虽非绝无断裂,然分布甚稀,推移亦极微少。

青龙山横断断层之推移方向,朱森先生谓"断层线之东北皆为俯则层"。惟坟头附近,地层倒置,向东南倾侧,若论其上下移动之方向,应为东侧上升,方能产生今日之象,与象山附近者,适反其方向。然此间断层既为侧冲断层,其移动方向乃系水平,应无上下之关系,不若谓为断层面之西南侧,向西北推移,似更确当。

青龙石灰岩中之褶曲:青龙灰岩层次极薄,易于挠曲,故显示褶曲最明。其在凳子山者,东坡为青龙石灰岩之底部页状灰岩,倾向西偏北,倾角二十余度。至山顶则为青龙石灰岩中部较厚之深色灰岩,形势平坦,微向南倾。西坡则中部灰岩,层次直立。而山之北侧京杭国道开凿之处,青龙石灰岩底部亦近直立,与西坡者相同。故此山构造,应为一平缓之内斜层,略以山脊为轴心,而略向南侧下。内斜之西,即为一向西倾倒之外斜层,其西翼岩层,暂为直立。此外斜之轴部,似经断裂,略呈向西北逆掩之势。断层发生时期,当与褶曲同时,而为褶曲作用过于猛烈之结果。至凳子山中部,外斜之西,更接以内外斜各一,内斜之底,岩层破碎,亦有逆掩断层之象。至象山附近之狮子山,则褶曲情形,益复复杂。计有内斜及外斜各三,依次呈列,由此而南,为断层所切。故门口山中,此种褶曲,已不复可寻。

黄龙山间之陷阱( Sink hole ):象山南之黄龙山顶,有一低洼,略呈椭圆形,径数十公尺,二万分之一地形图中,亦经绘入。其西北二侧,均为黄龙石灰岩,东南部为乌桐系及高骊山系,似为石灰岩中常见之陷阱。此处适当断层线上,潜水溶解之力较著,成此陷阱,自非无因。

坟头村附近山势中断之原因:青龙山南与黄龙山相接,其东北端至坟头村侧,山势中绝,京杭国道,即由此东行。夷考其山,实与地质构造有关:( 1 )青龙山作东北—西南之延长,地层走向亦然。至坟头村北之空山,则山向折为东东西,地层走向,亦变为北东东—南西西。此种突变之象,当由于断层,此断层之侧推移量,亦显较巨,沿断层线风化之速,当亦远胜于其他断层。（2）青龙山尾，另有一断层，与上述之大断层不相平行。故坟头村西北，无乌桐系出露，剥蚀之最大障碍既除，风雨之侵伐遂显。（3）空山为一向西倾斜之外斜构造，故坟头以北，仅见栖霞石灰岩，自成外斜。山势遂随之低下，当亦为山势中断原因之一。

## 第十节　黄龙、大连外斜

本节包括大连山、黄龙山及青龙山之南部，马鞍山、老虎洞及破山口等，位于江宁之东北部，峰峦起伏，蔓延甚广，东北与第九节青龙、银凤外斜相连接。本外斜层之轴，仍为东北西南方向。其西北翼为青龙、黄龙山之南部，马鞍山、金山及附近之小山一带。地层自高家边层起至象山层止皆循序露出。其地层走向大致东北西南，倾斜北北西，倾角甚大，约为50—70度。其东南翼即为大连山、娘娘凹及老虎洞等诸山。地层自高家边层起至青龙石灰岩止，全部出露。惟在辛塘村附近，因有一较大横断断层，故地层之排列，不如西北翼之有规则也。东南翼之地层走向，大致与西北翼地层相似，倾斜大致东南，或向南，倾角较小，约为25—50度。除以上地层外，在外斜之东南翼，如上庄附近及淳化镇之东，尚有建德系之流纹岩及赤山红砂岩，散露于较低之地。建德系有时出现于栖霞灰岩及其他各地层之间。本区地层之情形，大致与出露于青龙、银凤外斜者甚为相似，兹分本外斜层为西北与东南两翼，分别述之如下：

### 一、本外斜层之西北翼

甲、岩山、鲤鱼山、野鸡山及其附近小山为西北翼之上部,位于青龙、黄龙山之西部。此带概为黄马系及象山层之范围。前者分布多在山脊之东南,后者则在山脊之西北。地层倾斜大致西北,倾角约三四十度。黄马系常因变质而成片状,其色由暗红而变为灰白,本系岩性极疏松,出露不多,且若断若续,欲得一完整有序之剖面,诚非易事。象山层出露于此带者亦不甚多,且大部为本层之下部粗砾岩及石英砂岩,前者分布于野鸡山及西南小山,后者分布于斗蓬山、鲤鱼山及梁家山南等地,粗砾岩中之砾石,皆为石英,形状浑圆,大如鸡卵,与钟山顶部所见者,全然相同。

乙、青龙山为本翼之中部,全山皆系青龙石灰岩所分布,排列整齐,层次井然,倾斜大致西北,倾角甚大或近直立,似有倒转之势。此灰岩之层次,自下而上可分为下列三层:

1. 灰黄色极薄层灰岩与同色页岩相间成层,愈下则页岩愈多　200m.

2. 较纯之薄层灰岩,夹较少之薄层泥质石灰岩　100m.

3. 纯薄层灰岩,顶端常由数十薄层合并而成一厚层,但薄层状仍甚显明　200m.

本层灰岩因层次较厚,上部且极纯粹,故附近居民,多开凿以资利用,间有用作烧石灰者。

丙、黄龙山:为本翼之下部地层自高家边层起至龙潭煤系止,依次排列,秩序井然,其岩石性质,与前节(第九节)所见者,大致相似,惟金陵石灰岩及龙潭煤系之砂页岩之露头,常为断断续续不相连接，高家边层以秒绿色及浅黄色之粗砂岩及页岩等为主，其中尤以页岩为多，本层与乌桐系之间，未见不整合之痕迹，故两层之分界，全凭岩石之性质不同而定，高家边层通常为灰黄或灰绿色，以页岩为主，乌桐系则以浅白色为多，且几全部为石英砂岩，高家边层岩性疏松，故易于风化，而成低洼之地形，此种情形在本节中甚为明显，高家边层中之页岩，因层次极薄，故其中小褶绉极多，自佘村至上七甲村大路之两旁，皆可见之。

丁、马鞍山：马鞍山为黄龙山之西南尾，其中断层甚多，较著者有二，断层线之方向，均为西北东南，依其性质言之，与青龙山之侧冲断层，完全相同，其动距无上下显著之关系，每次推动之力是由东南而西北，如马鞍山北部之地层与南部相较，有逐渐向北推移之势。

## 二、本外斜层之东南翼

本外斜层之东南翼，地层分布不如西北翼之整齐，兹述之如下：

甲、大连山：大连山位于淳化镇之北，为黄龙、大连外斜层之东南翼，其山脊方向，大体与西北翼相同，惟沿走向曾发生折曲数次，故稍成蜿蜒之形，大连山脉之地层自高家边层起至青龙石灰岩止，均循序暴露，与黄龙、青龙两山附近所见者大致相同。惟本山南部即老虎洞附近，建德系之流纹岩散露甚多，皆系穿入其他地层之中，成狭长或圆形。

乙、破山口：破山口距淳化镇北约五里为大连山西南尾之小山。山顶之西北全为高家边层之页岩，山之顶及东南部，则为乌桐系之石英砂岩层,山之东南脚,有黄龙及船山等石灰岩,但露头极少。破山横断断层甚多,较著者有二,与马鞍山所见者相同(第十三图)。大连山及黄龙、青龙山等不再向西南延长,至淳化镇、上方镇间之大道附近,成为平地,因马鞍山及破山,为山之末端,断层甚多,故山脉之低落,可以断层之关系将地层破碎,复经长久之侵蚀与风化解释之也。

丙、娘娘凹:娘娘凹为黄龙、大连外斜层东南翼之一部。在中央研究院地质研究所之《宁镇山脉地质图》,均绘成青龙石灰岩,但实际上并不如此简单,该处一带之地层,自高骊山系以至青龙石灰岩,均有露出,构造亦极复杂。兹将该处一带之地层及构造,分别述之。该处一带之地层自上而下叙述如次:

1. 石灰角砾岩:此种石灰角砾岩,为该处地层中之最上者,色红,含青龙石灰岩碎块,大小不一,大者约十余公厘,小者约二三公厘。大致上部碎块较大而质松,下部碎块较细而质坚。全体厚约八十公尺,在清凉庵附近,倾向东,倾角约六十度,与青龙石灰岩相整合。由此往北,倾向渐转为南偏东,与青龙石灰岩不相符合,其间当有一断层。

此层在地层上之位置,地质研究所谓为侏罗纪之底部。但在调查境内,侏罗纪地层之下,并未见有此砾岩层。砾岩层之上,亦未直接见有侏罗纪之地层。而此地层常与青龙石灰岩相接触,除娘娘凹外,他处亦有相似之情形,如麒麟门外,在青龙石灰岩之上,亦有此种砾岩,受火成岩之影响已略显变质。以著者之推测,此种石灰砾岩之生成,恐由于青龙石灰

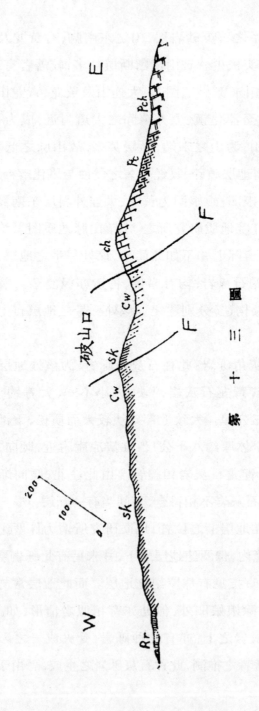

第十三圖

岩沉积将完时,海水日浅,受潮流之冲击所碎。迨后海水日益减退,而有砂质及铁氧之生成,致成红色。故此灰石角砾岩,将归之于青龙石灰岩之最上部也。

2. 青龙石灰岩:青龙石灰岩,褶曲甚烈。其倾向不易测定,大致倾斜向东,角倾约六十度,但亦有倾向东南者。岩石性质,与他处所见者同,兹不赘述。

3. 龙潭煤系:青龙石灰岩之下,有龙潭煤系,厚约三十公尺,岩石有页岩及砂岩等,倾向北六十度东,倾角约六十五度。岩层走向为西北北与东南南,至清凉庵北面之山脚处,为断层所中断。

4. 栖霞石灰岩:栖霞石灰岩与他处所见者同,兹不详言,惟在石灰岩中,有建德系之火成岩出露。

5. 船山石灰岩:船山石灰岩,在栖霞石灰岩之下,岩石性质与他处同。

6. 黄龙石灰岩:与他处所见同,兹不赘述。

7. 高骊山系:高骊山系,在辛塘村附近,所见最为明晰,在娘娘凹、清凉庵一带所见之断层如下:

(1)牛王庙、辛塘村之横断断层:牛王庙之东南,为青龙石灰岩,其西北为栖霞、船山、黄龙等石灰岩,循次排列。沿此等石灰岩之走向而延长之,与之相接触者,为乌桐系之砂岩,此处富有西北东南间之断层,又辛塘村之附近青龙石灰岩,与乌桐砂岩相接触,当亦为一西北东南向之断层所致。

(2)娘娘凹、清凉庵之横断断层:娘娘凹之西坡,青龙石灰岩之下,有龙潭煤系之出露,其走向为西北北与东南南,至清凉庵附近之山顶,忽而中断,向西推移,虽推移之距离不大,而断层之存在,确甚明显,断层线之方向,为东北西南。

赤山层:在破山口南脚真经寺旁之马路两旁,及淳化镇东北徐墦村附近,赤山砂岩稍有露出。颜色鲜红,质甚疏松。所见露头之倾角甚小,约在二十度左右。

下蜀系黏土:分布尚广,在本区附近低地,到处可见,且有时成为甚整齐之阶地,如大连、黄龙及青龙等山之沟中,两旁皆有之。此黏土色红黄,但在黄龙、青龙诸山之山麓呈砖红色者,系一部份石灰岩风化后之残余物与之混合所致。

建德系:本区建德系之露头,与之接触者有高家边系及各时期之石灰岩,所见露头鲜有高大之山者,有时成长条形,如栖霞石灰岩中所见者是也。岩石性质,以流纹岩一类为多。

# 第三章　江宁县中区地质

本区北以南京市相接,西至江边,东与句容为邻,南以禄口、陶吴、朱门三镇间之大路为界。区内京建路以西,山岭起伏不平,蔓延甚广,包括牛首、祖唐①、大山、吉山、凤凰山、静龙山诸山,其高度约有二三百公尺。更西则有白头、羊山、北盘等峰,其高度约一二百公尺。至于岗阜小山,则尤星罗棋布。京建路以东,除韩府、观音二山及孤立耸峙之方山外,均为平原,田地纵横,所在皆是。

本区地质甚为简单,水成岩只象山层尚比较发达,其下

---

① 现为祖堂。

之黄马层，出露不多。下蜀系黏土则分布甚广，到处可见。火成岩有建德系之喷出岩及各期之侵入岩，而喷出岩所成之山，几占全区三分之二以上。兹将各种情形分述于后：

## 第一节　象山层

本层为各种砂岩、砾岩及页岩等所组成，共厚千余公尺。上部为薄层粗砂岩与砂质页岩相间成层，每层厚约数十公尺。中上部为砾岩粗砂岩，砾石多为石灰岩、石英、砂岩等。石面光滑，排列整齐，大小不一，直径约在一二公厘之间，层次尚属整齐。下部为石英岩，分布亦广，其厚度约有百余公尺。至于本层底部之石英砾岩及顶部之页岩及薄层砂岩，在本区内，均未之见。兹将象山层分布地点及各处情形，述之如下：

一、凤凰山：凤凰山在秣陵关之西约五里，为三五小山所集合而成，其分布于张山北坡、癫痫山东坡及扁担山顶铁矿露头等处者，为深灰或紫灰色之页岩，惟在铁矿及火成岩附近者，经热力变质作用而成灰白色之板岩。共厚约六七十公尺。此岩层依其层位及性质言之，当属于黄马层。象山层之砂岩覆于页岩之上，在癫痫山西坡，露头最多。岩石性质，下部为褐黄色，上部呈绿色。砂粒甚粗，含矽质甚高，可称为石英砂岩，厚约四十余公尺。此层可与象山层之下部相当。

二、观音山及韩府山：位于牛首山之东北，山峰虽不甚高峻，然范围甚广。全部皆为淡绿色之砂岩与粗砾岩所组成，共厚千余公尺。层次甚为整齐，大致向西倾斜，倾角甚缓，约在二十度左右（据谢家荣先生等所著之《扬子江下游铁矿志》中所测之剖面），自上而下约可为下列七层：

（7）深紫及灰紫色中粒砂岩，组织松散，出露者厚约一百至一百五十公尺。

（6）黄红色及红色薄层砂岩甚松散，厚约一百公尺。

（5）灰白色及淡黄色中粒砂岩，质尚松，成层不厚，中夹粗粒砂岩多层，厚三百八十公尺。

（4）淡黄色及白色砂岩及砾岩，相互成层，厚一百八十公尺。

（3）淡灰色及淡黄色厚层砾岩，夹有浅黄色石英砂岩多层，厚约一百六十公尺。

（2）厚层砾岩，夹有紫红色砂岩一层，砾岩之黏合质，多为紫红色砂粒，厚一百公尺。

（1）紫红色中粒云母砂岩，杂有薄层细粒砂岩，出露者约五十公尺。

上述砾岩中之砾石，都为石炭、二叠纪之各种石灰岩及各种石英岩，面甚圆滑，砾石大小不一，以直径三—八公厘者为最多，排列甚为整齐。惟因岩质甚为松散，易于风化，故满山皆为浑圆卵石所掩盖。此种砾岩层，因含石灰岩砾石颇多，故与象山层底部之石英砾岩层，迥然不同。

三、吉山与大山南部：东善桥附近，有吉山、大山二山，吉山高二百五十余公尺，大山南部则高度稍低，二处皆为象山层所组成。吉山顶部为白色砂岩，夹有角砾岩，下为砂岩，再下为石英岩。倾斜南五十度东，倾角十度。吉山西坡与火成岩相接触。

## 第二节　建德系

本区建德系分布最广,京建路以西诸山,几全为此系岩石所成,与象山层成不整合之接触,在东善桥之吉山与大山等处较为明晰。岩石种类有角砾岩安山岩、安山玢岩及凝灰岩等。(详见火成岩篇)

## 第三节　下蜀系

下蜀系黏土:在本区内下蜀系黏土分布极广,而以东部为尤多,如索墅、湖熟、龙都等处,所见皆是。西部如板桥镇一带亦有,但其发育不如东部之盛,此种黏土或在山麓或在平原,在平原者往往堆积成二三十公尺之小山。其色灰黄或红黄,其质为黏土或砂泥,厚度约自十余公尺至三十余公尺。在山坡者则厚仅一二公尺而已,在方山附近,常与由赤山层风化而成之土壤相混合,有时不易区别(请参阅江宁县及其附近之土壤)。

## 第四节　侵入岩

侵入岩:有第一期之花岗闪长岩类,出露于凤凰山及吉山等处,成小岩盘。第二期之辉长岩类出露于大定坊及司徒村等地,成岩堵或小侵入体。第三期之花岗岩类,出露于吉山东坡成脉形。(详见火成岩篇)

## 第五节　方山

方山古名天印山,位于南京市之东南部,约居江宁县之中央。东南距东山镇约十里,东北距青龙、黄龙、大连诸山麓约十二里,东距牛首山二十余里,由中华门至东山镇,现有京湖汽车可通,十余分钟即可到达。惟有东山镇至方山一段,因路途甚狭,不能通车,只有驴马堪以代步,较为不便耳。现县府由东山镇起筑一新路,直达方山,土方已成,将来益形便利矣。

方山为一截顶圆锥体式之山,高出地平面约有二百余公尺,孤峰独立,四围与其他诸山不相连接。山之四周,因侵蚀甚深,坡度不大,入山以后缓缓上升,约至高度达三分之二时,则因喷出岩之关系,忽变陡峻。山中破谷深壑极多,且蜿蜒甚长,其中溪流湍激,且两旁红岩壁立,风景甚佳,惟羊肠小道,跋涉不易耳。

方山地层甚为简单,大都为中生代以后之产物。依其层次言之,则有中新统之玄武岩,铺盖于山顶。而具渐新统之方山砾石及始新统之赤山层二系位于山之中下部。玄武岩之上及山麓附近,尚有第四纪之下蜀黏土之存在。兹依其次序之先后,分述于后:

(甲)赤山层:此层多出露于山之底部,颜色鲜红,数里外即可见之,厚约八十公尺左右。全层为块状粗砂岩,有时厚层与薄层相间,质极疏松,稍加力压之,即行破碎。其中所含之砂粒甚为细致,且极均匀。此岩层次,如受风化不深,则甚显明。全向西北倾斜,计其倾角约在十五度左右。

赤山层据昔日刘季辰氏调查,谓沉积时代应属于白垩纪。惟最近按中央研究院地质研究所调查宁镇山脉之结果,谓赤山层为浦口层以后之产物,似无疑问,现浦口层既属于老第三纪初期,故赤山层之时期,当属于第三纪后期或始新统,较为合理也。

(乙)方山砾石层:位于赤山层之上部,而成不整合之接触者,为方山砾石层。此系巴尔博氏调查扬子江流域地文时所定名者。此层于本区中,露头不多,仅见于狭长壑谷之中,故连续而完整之剖面,颇不易得。大体粗砂砾岩,与粗砂岩层相间而成,性极疏松。砾石大小不一,其直径以四公分左右者较为普通。砾石大都为建德系之安山岩或凝灰岩,其次为结晶石英质及石英砂岩等,形状浑圆,排列多不甚整齐。粗砂层之间,常混杂细粒红砂或红黄色黏土,亦有为灰白色黏土所包裹者。此种灰白色物质,若以淡盐酸试之,则发气泡,示含炭酸钙甚多,此或系含炭酸钙之潜水,侵入岩石罅隙,充填而成者。此层层次,大致水平,或为平缓之倾斜,其倾角约在五度左右。全层厚度,以其出露之地估计之,约有四十公尺。

方山砾石层,昔时刘季辰、赵汝钧二先生调查江苏地质时,曾名之曰雨花台层,最近中央研究院地质研究所调查宁镇山脉时亦沿用之,但巴尔博氏研究南京附近地文之结果,则谓方山之砾石。其时期系较雨花台层为老,遂更名之曰方山砾石层。其时代乃属于渐新统,而将雨花台层列至上新统。据此次调查之结果,方山砾层之砾石,确与在雨花台附近所见者不同,盖后者其砾石多为石英质砂岩及玛瑙等,而在方山所见者多系褐红色之建德系安山岩也。巴尔博氏谓为二者之不相同,不无理由。至于雨花台砾岩是否较方山砾岩为新,或同时期,详附录一(雨花台砾石层之检讨)。

(丙)玄武岩:淹盖于方山之顶部,而成一广大之平台者,即玄武岩是也。此岩总厚约八十余公尺,出露于顶部者厚约四十余公尺,其顶部多成层状,经作者详细勘测之结果,自下而上可分为下列五层:

(1)橄榄玄武岩　　2.4m.

(2)细胞状辉石玄武岩　　5.8m.

(3)橄榄玄武岩　　2.9m.

(4)细胞状橄榄玄武岩　　10.8m.

(5)辉石橄榄玄武岩　　21.8m.

玄武岩之性质,若以肉眼观察,则多为黑色,组织细密。除细小白色长石斑晶可见外,有时可见红色细点,此系由橄榄石风化而成者。岩石气孔特多,圆形或长圆形最普通,其中有时为白色方解石或泡沸石等所填充,而成杏仁状结构者,亦甚常见。

方山除玄武岩外,尚有侵入岩一种,系橄榄辉绿岩。此岩为浅灰黑色,呈斑状组织。斑晶虽不多,但甚清晰,其可以目力察见者,大都为黑绿色及紫黄色之铁镁矿物。白色斜长石斑晶亦多,概为柱状,排列无一定之形状。此岩节理极为清晰,皆为平行排列,其方向大致为北60°东。

玄武岩与辉绿岩之显微镜研究,如下:

（一）方山顶部

（1）橄榄玄武岩（Olivine basalt） 岩石 No.　薄片 No.52

岩石为黑色，内含暗红色与灰色两种矿物所成，其名称因晶体甚微，不克鉴定。岩石中气孔甚多，大者达一公厘，其中有为白色之矿物所充填。

在显微镜下，橄榄石已变化成红棕色之铁氧，只有少数之晶体其中心部份尚保持原来之状态，此矿物常为岩石之斑晶。辉石之结晶有大小两种：大者为斑晶，面鲜洁，在交叉聂氏镜下有双晶。小者与长方形之斜长石相混合，成为石基。斜长石为长方形，面鲜洁，排列无一定之方向，是为玄武岩中固有之形式也。磁铁矿成小粒，为量甚多，散布在石基中，气孔为圆形，其四周有矽氧之凝聚。

（2）细胞状辉石玄武岩（Vesicular augite basalt） 岩石 No.　薄片 No.53

岩石为红黑色，有细胞状组织，矿物之结晶体甚细，非肉眼所能察，在细胞中有方解石之充填。

在显微镜下，斑晶为辉石与橄榄石两种，辉石在交叉聂氏镜下，有双晶可见，橄榄石之形状与变化与前相同。石基为紫红色，含铁质甚多，为微细之斜长石与磁铁矿所成。气孔之形状，或椭圆或正圆，其形不一。

（3）橄榄玄武岩（Olivine basalt） 岩石 No.　薄片 No.54

岩石为黑色，内含两种矿物，一为淡肉红色，一为淡绿色，结晶体不大，气孔不如（2）之多，其中为方解石或非晶质之矽氧所充填。

在显微镜下,斑晶为橄榄石与辉石两种,而橄榄石尤多。橄榄石之变化与前同,即变成红色之铁氧是也。辉石之结晶大者为斑晶,有(101)面之双晶,与斜长石相合,成为石基。石基中有斜长石、辉石、磁铁矿等,并有次生方解石。气孔中有为非晶质之矽氧所充填。

(4)细胞状橄榄玄武岩(Vesicular basalt) 岩石 No. 薄片 No.55

岩石红黑色,有气孔甚多,成细胞状组织。最大之气孔达五公厘,矿物之结晶体甚细,非肉眼所能察。

在显微镜下,此岩石之形状与(2)相似,斑晶有橄榄石与辉石二种。橄榄石之变化与前同。辉石之结晶体,大者为斑晶,小者藏于石基内。石基中有斜长石、辉石及磁铁矿等。

(5)辉石橄榄玄武岩(Augite olivine basalt) 岩石 No. 薄片 No.56

岩石为深灰色,斜长石结晶体尚显著。此岩石质坚密,气孔甚少。

在显微镜下,矿物之结晶体较前为粗,有辉绿岩状组织,钙钠斜长石,为量甚富,双晶明晰。辉石之结晶体有(101)面双晶,小者成粒状,常介于钙钠长斜石之间。橄榄石之变化与前同。此外尚有磁铁矿及赤铁矿等矿物。

(二)方山定林寺西 岩石 No. 薄片 No.58

橄榄石辉石玄武岩(Olivine augite basalt)

岩石为黑色,橄榄石甚细,成红色之小点,用扩大镜可以见之。

在显微镜下,斑晶为辉石与橄榄石。辉石有(101)面双晶。橄榄石之变化与前同,即其边部成为红色之铁氧。石基中有斜长石辉石及磁铁矿,三者之结晶体均甚细,其排列相互并行,成流纹状组织。

(三)方山东部近顶　岩石 No.　薄片 No.57, 0

辉绿岩(Diabase)

岩石为灰色中粒状,斜长石与辉石之结晶体均甚显著,此外尚有红色之小粒,有玻璃光泽,是为橄榄石。

在显微镜下,此岩石有辉绿岩组织,主要矿物有斜长石、辉石及橄榄石三种。斜长石属钙钠斜长石,面甚鲜洁,无变化现象,辉石略带紫色,无完整之结晶体,橄榄石沿裂缝而风化成铁氧,在风化处则为红色,磁铁矿大小不一,有从橄榄石风化而来者。磷灰石甚多,成针状,云母甚少仅数片而已。

(丁)方山之火山活动:方山,李希霍芬称之曰南京火山。其后刘季辰先生等调查江苏地质时,因未发现若何证据,遂以李氏之说为非。近来地质调查所谢家荣、陈裕淇、陈恺诸先生及地质研究所李毓尧、朱森、喻德渊诸先生皆先后前往勘测。李、喻二先生首先发表方山有火山喷发之遗迹,其文尚未出版,并有火山口二,岩浆之喷发,前后有数次之多。著者等因调查江宁县地质,亦曾考察其地,方山东部有火山口之遗迹,惟因侵蚀已深,火山锥峰之大部份已被洗削而消失,并见有辉绿岩体略成圆形,似为火山颈。岩浆由此喷出,故其东面之火山岩有向东倾斜之势。兹将东北麓沟中所见之情形,言之如下:

　　沿方山东北麓之狭长沟谷自东东北向西西南行（第十四图），初系赤山层，继为方山砾石层，由此而上至砾石层之顶部，则有厚约十余公尺之凝灰岩层，平铺其上，具极薄之层次，质极细，系浅红灰色，乃系火山喷出之细屑物质固结而成者。在此层之上部，即为火山碎屑岩层，其中大部为火山弹及喷石等，由火山灰尘胶结而成。此等碎屑物大小不同，最大者重约数十公斤，亦有全体穿成多孔状者。此层愈上愈厚，故极似火山锥峰之一翼也。但此翼延长是否甚远，或即止于附近，因上部侵蚀已去，无从证明之。在碎屑岩层之上，则有厚约五公尺以上之玄武熔岩，淹盖于其上。惟受侵蚀甚深，岩石性质不易看出。由此向东南行，在石龙池之下，则有宽约三十公尺之辉绿岩侵入岩体，作圆丘状，极似火山颈，依其地位言之，昔时或系火山喷口，亦未可知。此期火山活动以后，则有较长之侵蚀作用，其后复有方山西部玄武岩之喷发，淹盖于方山之顶部，成一广大之平台，四周因侵蚀关系，均甚峻削。此种平台式之玄武岩山，大江南北，所占之区域甚为广大，均平铺于他种岩石之上。其喷发之种类似有二：（一）为火山口喷发；（二）为裂缝喷发。至于是否如此，尚待他日之考证。

　　（戊）方山喷发之时期：方山喷发之时期，巴尔博氏谓属于中新统初期，而地质研究所调查宁镇山脉之结果，则谓属于上新统末期。据著者等之观察，方山喷发之时期有二，一方山东部之火山口喷发属中新统，一方山西部之裂缝喷发，当属上新统也。

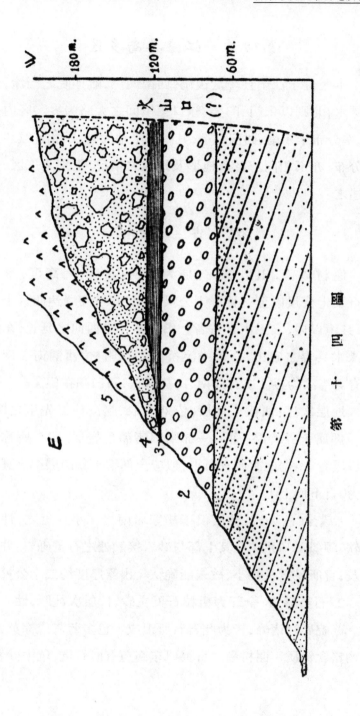

# 第四章　江宁县南乡区

本区位于江宁县境之极南,西南两侧,毗连皖之当涂,东邻溧水,北则以朱门、陶吴、禄口三镇间之大路为界。区内山岭,率分布于东南、西南二部,其间以平地为界,不相连续。地层分布,亦不相同。兹依地形及地质之情况,更别为三区,分别述之。

## 第一节　西横山

谢村以南,山势雄伟,是为西横山。山峰高度,率在二百五十公尺以至三百五十公尺之间,其最高峰达四百十公尺,县境以内,实无出其右者。山势略作东西向之延长,东起于溧水县界之独山,西迄横溪桥南之徐骈村(西铺街),南以山脊与当涂为界。逾脊而南,山势低伏,石臼湖在望矣。

地层次序:西横山地层,依刘季辰、赵汝钧二先生之图,以一部属于界岭层,而另一部则归诸赭色岩层(即今所称为浦口层者)。据此次调查所得,似应全部纳于象山层中。其次序为(自下而上)。

1. 紫红色页岩:此层仅于胡家店南之二小丘见之,性质松软,颇似黄马系。但其上部与砂岩接触处之石英砾岩,并未见及,且所见露头甚小,故未能确认。出露厚度约二十公尺。

2. 石英砂岩:全部为粗粒石英质砂岩,层次甚厚,性质坚固。苏皖界脊诸峰,皆为此岩石所组成。色多蓝灰或棕黄,黏合物略含钙质。谢村南之百灵矶东南麓有磨石坑,坑中砂岩,有彩色环纹,与栖霞山所见者相同。全部厚约三百公尺。

3. 黄灰色页岩:此层位于石英砂岩之上,以页岩为主,间以少量之砂质页岩。色多深灰或棕黄,间或因氧化作用而呈紫红色,酷肖高家边系之顶部。此层或与象山系之含煤层相当,因性质松软,常成低凹。百灵矶北坡及迤西一带,为其分布之区,厚约二十公尺。

4. 黄色石英砂岩:大部为砂岩及石英砂岩,并夹砂质页岩少许。层次甚薄,鲜有逾二公寸者。色皆灰黄,颇可与谢家荣先生所谓陵园砂页岩相比拟,厚约二百五十公尺。

5. 浅黄色砂岩:全部为浅黄色砂岩,偶杂以同色之页岩。砂粒粗大,黏合不固,尤易风化,与钟山南坡所见者完全相同。朱家山以南范王村一带,分布甚广,厚约二百五十二尺。

6. 杂色砂页岩:以页岩为主,上部含砂岩层较多,下部并有砾岩一层,颜色随地不同。兹更其岩性分为三部:

a. 棕红色砾岩及砂岩:在朱家山高范以北及邓村、张公村间,出露最佳。岩石以砾岩为主,砾石大率为灰岩,呈混圆状,径自数公厘以至一公寸不等,平均以三四公分者为主。石灰岩以外,石英岩及石英砾亦常见之,惟棱角尖锐,形状亦小于石灰岩砾石。此外尚有黑色砂质页岩砾,形体更小,棱角亦锐,似为栖霞石灰岩中之矽质层(Lydite)。但细察之,常见有黑白相间之条纹,又似为较古之变质岩。惟上述二种岩石,此区均无出露,故未能断言。黏合物以粗砂为主,颜色不一。在张公村附近者为红色,高范以北则为浅棕色。砾岩之下,常有砂岩,打虎庙附近路旁,出露甚佳,其色时红时黄,与砾岩正复相同。细察之,当以黄色或棕色为主,其红色部份为氧化所致,惟其色鲜明,引人注意。刘、赵二先生所谓赭色岩层,殆即指此。全部厚度约八十公尺。

b. 钙质页岩:砾石之上为页岩,色常灰绿或蓝灰。含有钙质,西山东坡,赵村之西,曾得石灰岩一层,厚仅六公分。侏罗纪以后,石灰岩仅此而已,厚约三十公尺。

c. 砂页岩互层:此层为西横山出露地层之顶部,全体为砂页岩互层,下部页岩为主,色多黄绿及灰绿,常因氧化作用而呈紫红色。上部砂岩层次渐多,色皆灰绿。西山迆西獾子洞一带皆为此层所组成,厚约二百五十公尺。

上述岩层,与钟山地层,颇可参证[1]。自黄马系以至浅黄色砂岩,均相符合。惟杂色砂页岩,为钟山所无。此次曾于灰绿色页岩之中,见有黑色斑纹,似为植物遗迹,惟保存甚劣,不足以资检定。考程裕淇先生所述韩府山砂岩之下部亦为粗砾岩层[2],中含石灰岩砾石,其色亦红黄不定,似颇与西横山所见之杂色砂页岩下部相同,其上部之紫色或红色砂岩,亦与西横山者大致类似。惟西横山之钙质页岩,为韩府山所未见,此殆浅水沉积之局部现象。就大体言之,二者实当为同期之沉积物也。

西横山岩层之地质时代:西横山地层,总厚达一千二百公尺,全部为砂岩及页岩。依岩性比较之,当属象山层。下部隶侏罗纪,上部为白垩纪。然刘季辰、赵汝钧二先生之图,则

① 胡博渊,梁津,谢家荣:南京之井水供给,地质汇报第十六号。
② 谢家荣等:扬子江下游铁矿志,地质专报甲种十三号。

以高山部份为界岭层,北麓一带为赭色岩层,兹分别讨论之。

a. 刘、赵二先生之界岭层,乃合高家边层及乌桐系而言之。考乌桐系之岩性,在太湖沿岸,以砂岩为主,并间以多量页岩。颜色甚杂,颇足与西横山岩层相比。但江宁境内之乌桐系岩层,率为净白或浅黄色之石英岩,或夹细砾岩,性极坚固,与西横山岩石亦不相同。

如以西横山岩层与象山层相比,类似之处甚多。(1)岩层次序,颇相类同,其间虽略有出入,亦可认为浅水沉积应有之现象。(2)石英砂岩之砂粒甚粗,黏合物为黏土及钙质。(3)百灵矶南麓之砂岩中,有彩色环纹,与栖霞山皆相同,为象山层岩石通有之现象。(4)页岩因氧化作用而呈紫红色,在象山附近,亦常见之。故此次虽未获有化石,已可确定其为象山层而非乌桐系也。

b. 西横山北坡,有若干砂岩及砾岩,确呈红色,与浦口层相似。但细考其岩石性质及上下地层之关系,可得下列数点。(1)砾岩与其下之砂岩,完全整合。在若干地点,且可见砾岩下部,砾石逐渐减少,而成砂岩。(2)砂岩及砾岩之红色,乃局部现象。在打虎山路侧及朱家山附近,可见红色砂岩沿其走向渐变为棕黄色,而高范以北之砾岩,且全为棕黄色。(3)砾石之大小及形状,与浦口层中者不甚相同。(4)此区适当建德系火山岩环抱之中,如为浦口层,则必生成于建德系以后,砾石之中,当含有火山岩砾甚多,今乃绝未一睹。(5)砾岩之上,尚有砂页岩甚厚,其色以灰绿为主,绝不与浦口层之中部或上部相同。依上述各点,可知此砾岩及砂岩,实为象山层之上部,应为白垩纪岩层。惟此次未获化石,不能为直接之证明,故不另立系统。

西横山之构造:西横山跨苏皖二省,其皖境部分,为此次足迹所未及,构造情形,未敢意测。苏境岩层,大致均向北倾,而两端呈环抱之势。东端独山之砂岩,走向北偏西七十至七十五度,倾向东北自七度至二十五度不等。谢村附近之铜山及百灵矶,则走向东西。迤西至神仙洞即转倾西北,直至西山仍倾向西北,倾角平缓,率在二十度左右,其向南环抱之局,颇为明显。更就地层分布言之:下部矽质砂岩率在南部省境。浅黄色砂岩,东起蜀山西迄单庄。杂色砂岩,则分布于高范、打虎山、张公村间,皆作向北凸出之弧形,亦与构造相呼应。

谢村掀转断层:谢村镇东之铜山,为象山层下部之矽质砂岩所组成。由此南逾平原而至百灵矶,则反为象山层中上部之浅黄色砂岩,地层显系重复,而顶部之砾岩层,在此竟付阙如。且铜山地层倾角峻陡,达八十度,与百灵矶砂岩之倾角十余度者,亦不相合。可见其间平原之中必有一走向断层。断层走向,约为东西,北侧上升,致使地层重复。惟此种地层重复之现象,愈西而愈微,至朱家山以西,即无断裂之迹,此断层之移动距离,愈西愈减,当为一掀转断层。证诸火成岩侵入体之分布,亦与此断层线相同,而侵入岩体之大小,复与移动距离相符合。则此断层之发生,实在火成岩侵入以前。火成岩既为白垩纪后期或第三纪之产品,则断层之发生必为燕山运动之一幕矣。

西山、杨山间之内斜构造：西山及獾子洞一带之砾岩及砂页岩均斜向西北，倾角率在二十度左右。其西北之杨山南侧，则首见变质页岩，倾角不易辨明，惟其岩性，似与西山者相同。其下砾岩，变质亦深，倾向南南东二十五度，岩性与张公村附近所见者相同。其间遥遥相对，为一内斜构造。轴向东北西南，而略向西南倾侧，惟杨山西北坡间，有矽质砂岩出露，间或开采为磨石及建筑材料。察其岩性，当属象山层下部。惟此处地位，距砾岩露头甚近，其间应有之黄色石英砂岩及浅黄色砂岩，均未获睹，是否有断层所在，尚属疑问。

火成岩侵入体及矿产：西横山间，火成岩侵入体零星散布，所在都有，惟体积均不甚大。察其成分，约可分为花岗岩及闪长岩二类。前者分布较广，东起独山西麓，经铜山百灵矶间，而止于朱家山附近，乃沿掾转断层线而侵入者。西部獾子洞、西山、杨山附近，侵入体亦多，似与东部者同源，惟露头不相连续。花岗岩出露于胡家店附近，其与闪长岩之关系不明。

闪长岩侵入体，每为铜矿之母岩，江南一带，常有此现象。獾子洞铜矿亦导源于斯。惟矿量极微，殊乏经济价值，（见经济地质章）。谢村镇东之铜山，传以产铜得名。但该山露头，殊无产铜之迹。惟山间砂岩，确受熟液作用，且有石英脉贯通其间，重晶石脉亦偶见之。孙家边附近之小岗，且有少量孔雀石附于砂岩之表面，铜山之名，或即始于此。然此区区者，固不足言矿也。

# 第二节　云台山、天马山

　　本区西部,陶吴至小丹阳大路以西,山峰重叠。其西诸山,皆为建德系火山岩所组成。东逾平地,即为西横山之象山层出露地带。此间适当二种地层交递之处,故二者接触之处,随在可见。建德系不整合于象山层之上,故岩层之分布情形,乃随地形之起伏及象山层位置之高下,而呈零乱之象。

　　象山层:象山层实为此区之脊骨,作东北—西南走向,山势随之,亦作东北西南之延长。陶吴西南之小罗山,为此系露头之东北起点,岩层倾向西北七十度,西南为云台山,高约三百五十公尺,除西坡稍见建德系外,几全为象山层下部砂岩所组成。岩层倾向西北六十度,惟西南坡则有倒转倾向东南者,倾角亦达八十度,似为局部现象,至此山南端,则倾向西北仅四十五度。地层倾斜愈南愈平,于此可见一斑。由此西南经夜合山及太平山东坡,越成马洞而至皖界之长冈村附近。十余公里间,象山层砂岩络绎不绝。倾向仍为西北,惟倾角不过二三十度,较之云台山南麓,益见平坦,山势亦益低下。至苏皖交界之宝塔山,则象山层全部掩没于建德系下,不复出露。

　　象山层露头,以云台山最佳。全部为层次清晰之砂岩,惟质坚硬,与西横山岩层之中下部相当,亦与皖之采石系顶部类似,拟诸钟山之紫霞洞层,当可无讹。其出露于天马山东麓者,偶见有彩色环纹,采为磨石之用。地层层位,大致与云台山者相同。

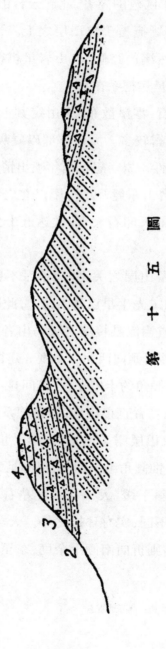

第 十 五 圖

建德系:象山层界脊之两侧,皆有建德系存在,而西侧分布尤广。其在本区范围内者,北起云台山西麓,南至夜合山、天马山,建德系皆掩覆于象山层之上。云台山以东,地势平衍,露头较少,然溪边路侧,火山岩星棋密布,想见下蜀系黏土之下,固有大量建德系在焉。

建德系岩石,零星散布,无由定其上下之序。惟天马山上部,建德系出露较多。大致下部以凝灰岩及火山角砾岩为主,上部则为中性玢岩。想见当年喷出情形,必为先猛烈而后宁静者也。云台山东麓及小丹阳以北之建德系,则大率为集块岩(agglomerate),卵石大者,或达五十公分,似为该系下部之物。

建德系与象山层之关系:建德系不整合于象山层之上,刘季辰、赵汝钧二先生早已述及之[①],此区所见者,当以小丹阳镇西北与皖省当涂县接壤之天马山者为最著。该山东坡,象山层中下部砂岩倾向西北三十度。建德系凝灰岩及火山角砾岩径覆其上,倾角约十度左右,其间显不整合。太平山及夜合山顶,虽亦见二者直接接触,惟建德系层次不甚清晰,故关系不明,至于象山层露头之东,地形平坦。二者直接接触之处,几不可见。惟倾角绝不相同,似亦足为不整合之证。

建德系倾斜平缓,大率在十度左右,鲜有达二十度者。考各处倾向之不同,实有环抱之势。天马山凝灰岩倾向西十度,其南宝塔山则折向南倾十余度,东至小陈塘头以东,经龙

---

① 刘季辰,赵汝钧:江苏地质志.

骨而至黄谷山,则又倾向东或东南。将成马洞一带之象山层环抱于其中。此种倾向虽或为喷出时原始情状,而后来之褶曲作用,似亦与有力焉。意者象山层沉积之后,地壳隆起,东北西南向之褶曲轴于焉奠定。(燕山运动 A 幕)侵蚀作用,肆其狂暴,而成壮年中后期地形,乃有建德系火山岩之喷发,充填于原野山谷之间。褶曲作用复起,其推压方向,仍如旧,褶曲轴向亦未改变,且力量微弱,仅使地壳略呈波纹,前此之大局,迄未稍变(燕山运动 B 幕)。与此褶曲作用大致同时发生者,有若干正断层。横溪桥西北之桃花潭,见有火山角砾岩因断层作用而与集块岩相并列,当为此正断层之一例。惟此断层之发生,究在中生代末,抑在第三纪中,则无从探悉。

## 第三节　下蜀系丘陵

此区下蜀系黏土,分布最广。陶吴、禄口、横溪桥、小丹阳诸镇间,除秦淮河两岸,有狭小之冲积平原外,皆为下蜀系丘陵,高度率在二十公尺至三十公尺间,高低起伏,地形异常复杂。溪边路侧,下蜀系之下,常见建德系及象山层之露头。可见下蜀系之厚度,最大不逾二十五公尺。较诸县境北部,略有逊色。在小丹阳附近,下蜀系厚度益减,不过十余公尺而已。

下蜀系黏土,均为红黄色,其接近地面者,色泽较浅。其成分以黏土为主,间以细砂粒,与北部者相同,惟横溪桥西北之董村附近,曾于黏土之上部,见有大致圆形之结核甚多。直径自三公厘以至二公分不等,外表色黄,与黏土相同,性甚坚固。剖视其中则呈棕黑色，其成分仍以砂土为主，而氧化铁为之黏合。惟其中不含钙质，故与龙潭等处所见之灰质结核不同。

秦淮河：横溪桥位秦淮河北岸，为秦淮河西支通航之最远处。此间河身流经下蜀系间，河谷两侧冲积平原极狭，河流亦少迁折，似犹在少年末期或壮年初期。惟此间人工影响甚巨，拦水堤闸，上下相望，河流之发育，不能循其自然之序，欲穷其地文发育史，更非易易。

秦淮河与下蜀系之关系：秦淮河身，大致切割于下蜀系中，而河流两侧下蜀系下，常有建德系出露，其位置高出于现在河身达十公尺以上，可见今日之河身，实循下蜀系前之故道。下蜀系前之河身，似较今日更见宽广。想见当年之秦淮，在地文发育程序上，已达壮年之期，因有下蜀系之沉积，河身乃返其少年状态耳。

秦淮河身虽大部流于下蜀系中，而横溪桥西之龙王桥及戈村附近，均见河流穿建德系而过。故秦淮河道，当下蜀系以前，实略异于今日。考秦淮与小丹阳河之分水界，西在藤子岗，东为徐驸村南之岗子，均为下蜀丘陵，绝无岩石露头，未必为下蜀系前之分水界。反观建德系分布情形，则自云台山南端，东经龙王桥，越横溪桥之南，而达杨山、荷叶山。建德系及象山层露头，络绎不绝。下蜀系前之地形，当以此为脊。当时秦淮之源，自不能逾此而南。下蜀系沉积之时，藤子岗、徐驸村一带，位于背风部份，黏土堆积较高，地形因而变异。秦淮遂向南推进，以成今日之势。至横溪桥以南之秦淮河身，是否为下蜀系以前所固有,后为秦淮所夺,以致倒流,抑或为秦淮河自辟,则尚未探悉。

# 第三篇　火成岩

　　南京市及江宁县之火成岩，李希霍芬于一八六九年首先调查，据其报告所载，除玄武岩外，悉属花岗岩类。民国八年，丁文江先生调查扬子江下游地质，将各种火成岩，制成薄片，分别定名，已不如从前之笼统矣。十三年刘季辰、赵汝钧二先生之《江苏地质志》出版，对于岩石之种类及分布等，叙述较详。十八年李捷先生之南京开封幅中国地质图说明出版，于南京市及江宁县之火成岩亦多记录。十九年冬李学清先生著《钟山火成岩及其变质》一文，然亦限于局部，而未能普遍观察。二十三年中央研究院地质研究所叶良辅、喻德渊二先生之《南京镇江间之火成岩地质史》出版后，始将各种火成岩，作有系统之研究，而其相互之关系，得以明瞭，是为研究火成岩最完善之著作，然对于江宁县大部之火成岩，因不在其范围之内，尚付阙如，本篇所述，乃注重江宁县境内之火成岩，与叶、喻二先生所著者不相重复，而有相补之益也。

　　南京、镇江间之火成岩，叶、喻二先生将岩浆之性质及岩石之种类，分为下之五类：

　　一、喷出岩系（建德系）

　　二、花岗闪长岩性侵入岩系

　　三、辉长岩性侵入岩系

四、长英岩性侵入岩系

五、玄武岩流

上述五系岩石之出露时代,亦分别推定。叶、喻二先生将南京、镇江间之火成岩,分门别类,整理就绪,对于火成岩之贡献,厥功甚伟。

在调查境内,火成岩之出露,除喷出岩外,均不甚多,兹依照上之五系岩石,于下之各章叙述之。

# 第一章 喷出岩系——建德系

此系岩石在中国甚为普遍,南自香港,北达辽宁,东至山东、浙江、江苏,西迄河南,莫不有其露头,为层厚达千数百公尺,而各地名称不一:如北平西山一带,谓之髫髻山层;山东谓之蒙山系,又谓之青山层与来阳层;浙江曰建德系;福建曰武夷系;江苏曰斑岩系;察哈尔曰张家口系。在调查境内,此系岩石之名称沿用浙江之"建德系"。

此系岩石在调查境内,分布亦广,尤以江宁县之南区及中区为多。南区如天马山、黄谷山、鸢子山,中区如歪头山、梅子冲、白头山、羊山、北盘山、林盘山、大山、鸡笼山及牛首山、祖唐山之一部,均为此系岩石所成。东北与南京市二区,此种岩石之分布,虽不及中与南二区之广,然零星露头,亦到处可见。

此种喷出岩分布之广,已如上述。其分布情形,或为高山,或为低谷,或在江中(如三山矶、土耳矶等处)。其倾斜方向与倾角度数,亦随地而异,如在东善桥大山所测者,倾向北五十度东,倾角二十八度。牛首山、祖唐山者,倾向东,倾角二十度。祖唐山南小山者,倾向南七十五度西,倾角二十度。查塘村西大考山者,倾向南,倾角十度,由是可知,此种岩石喷出时,随地面之起伏以变其倾向。

　　与此系接触之岩石,自古生代以迄于中生代皆有之。在大连山、淳化镇一带与之接触者,有下石炭纪之高骊山系与中石炭纪与二叠纪之各种石灰岩。在高骊山系者,成不规则之岩体。在栖霞石灰岩,则往往沿层面而出现。在东善桥之大山与云台山者,皆与侏罗纪之象山层,成不整合之接触。故与此系接触之岩石,各时期皆有,而其出露情形,亦至不一律。

　　此系岩石之地质时代,谭锡畴先生于山东蒙山系内发见鱼类、昆虫类、叶鳃类、爬行类及各种植物化石无数。又谢家荣先生亦采得植物化石数种,均为下白垩纪之产物。又据叶、喻二先生宁镇山脉之观察,喷出岩系之标本,殆无一而不破裂,而时代较后之花岗闪长岩及辉长岩之标本,皆完善无变化,盖一则出露于宁镇山脉大逆掩断层之先,一则后之。宁镇山脉之造山运动,为燕山运动之一,其时代为后白垩纪。故从构造方面言,此系岩石之时期,亦应为下白垩纪也。

　　建德系所含之岩石,种类甚多。浙江为此系岩石最发育之地,其岩层层次,据叶良辅先生在浙东温台及浙西天目一带之观察,大致可括之如次:

　　(一)凝灰砾岩

　　(二)石英安山岩

（三）流纹岩

（四）凝灰砾岩

（五）酸性凝灰岩

（六）凝灰岩

（七）酸性凝灰岩

又叶先生于山东即墨、胶县等处,所见之岩层如下:

（一）火山角砾岩

（二）凝灰岩

（三）粗面岩

（四）凝灰岩

叶、喻二先生在栖霞山之沟中,察得此系岩石向北偏西倾斜,倾角约自四十五度全六十五度,岩层总厚,约二百五十公尺至三百公尺,其层次自下而上,摘录如次:

（一）砾岩厚一公尺余

（二）火山灰厚一公尺余

（三）砾岩与（一）同厚三公尺

（四）火山灰厚十公尺

（五）凝灰岩厚十公尺

（六）凝灰砾岩（agglomerate）厚五十六公尺

（七）安山岩厚三十二公尺

（八）石英安山岩厚一百二十公尺

刘季辰在凤凰山所见之岩层,自下而上如下 [1]:

---

① 江苏地质志, 36 页。

（一）火山灰，青色，质极坚致，石基为酸性或中性之玻璃质。

（二）长英质凝灰岩，色深褐，岩质细密不作斑状，石基属潜晶体。

（三）石英安山岩，作淡肉红色，质细密，石基为钠钙质长石之潜晶体，斑晶属钠钙长石或中性长石，并有圆粒晶形之石英。

（四）矽化安山岩，色褐，岩质细密，略呈流纹结构，石基为中性长石之潜微晶体，斑晶则为钠钙长石或中性长石，全岩变化已深。

（五）安山岩为深褐色，略呈红色之细密岩体，斑晶属正长石与斜长石，石基为中性长石之极小微晶所组成。

在调查境内，此系岩石之层次，除栖霞山、凤凰山已有记录外，其余各处亦均有层序可分，兹将东善桥之大山及查塘村之大考山之南坡，由下而上述之于后：

东善桥大山：

（一）安山岩，已变化

（二）凝灰岩

（三）石英安山岩，已变化

（四）石英安山岩，已变化

（五）石英安山岩，（细胞状），已变化

（六）安山岩，已变化

（七）石英安山岩并有石英细脉

（八）角砾岩

（九）石英安山岩,并有石英细脉,与(七)相仿

（十）安山岩有斑晶

（十一）石英安山岩

（十二）角砾岩内有安山岩碎块

（十三）凝灰岩

（十四）粗面岩

（十五）凝灰岩

查塘村大考山南坡:

（一）安山岩

（二）凝灰岩,厚一公尺

（三）安山凝灰岩,厚五公尺

（四）粗面角砾岩,厚三公尺

（五）粗面安山岩,厚三公尺

（六）安山角砾岩

（七）安山凝灰岩

综观各处喷出岩之情形,大致先为角砾岩与凝灰岩,次为安山岩,次为石英安山岩,或其他较酸性之喷出岩,再次为角砾岩与凝灰岩。在上层之角砾石,有时即含下层岩石之碎块。淳化镇一带之流纹岩,则不与他处岩层相接触,其上下之位置,不易断定,然就他处比较而言,酸性之喷出岩,常为后来所喷出,故其位置应在中上层,角砾岩之岩层,上下数见,则爆发情形,当不止一次,可以断言。如在风波村,有紫色之凝灰岩与绿色之安山斑岩相夹成层。至于喷出岩之岩浆,似先为中性,而后渐入于酸性也。

此种喷出岩之成因，由于火山爆发欤？由于裂缝喷发欤？抑由于岩浆上升凝结，顶盖下沉被挤而溢出欤？此问题之解答，固尚有继续研究之必要，在调查境内，尚未见有火山口之遗迹，即在他处亦无所见，而此系岩石角砾岩之多，则当时确有爆发，决非岩体顶盖下沉，岩浆被挤而出所有之现象，著者认为此种喷出岩之成因，是由于裂缝所喷出，若裂缝小，而下之岩浆及汽体为量甚多时，则当有爆烈之喷发，以造成角砾岩。一次喷发之后，汽体外泄，继之以平静之喷发，迨后汽体积聚又多，故有二次三次之爆裂喷发。岩石之有裂缝，各时代及各处均有，是为甚普通而甚普遍之现像，而岩浆即利用此弱点，以喷出于地面，故此系岩石出露之广，与各时代岩层相接触，殆此故欤？观乎淳化镇一带之流纹岩，出露在栖霞石灰岩之层面中，可谓裂缝喷出之一证。

兹将调查境内所有之喷出岩系，仍分为南京市区，江宁县东北区、中区及南区等四区，叙述于后。

## 第一节　南京市区之建德系

### 甲、岩石概言

南京市区内之建德系，出露不多，所见皆为低小之山，如中山门内之半山寺、北极阁山麓，中华门内之东墙脚及安德门南之马路旁等处是也。在安德门南之建德系常为下蜀黏土及雨花台层所盖掩，不易觉察。

### 乙、岩石类别

南京城内

（一）南京城内半山寺　岩石 No.16　薄片 No.131，132

云母安山岩（Mica andesite）

岩石带红色，有斑状组织，斑晶为长石与黑云母，结晶体之大小约自一至二公厘。石基为红色，无晶体可见。

在显微镜下，长石为中性斜长石，有带状组织，有已风化成高岭土与绢云母者，且多碎裂，黑云母为深棕色，多色性强，其四周有磁铁矿之小点，亦有全体呈红色。石基为红色，晶体甚少，含高岭土甚多。

（二）北极阁　岩石 No.11　薄片 No.127

流纹岩（Rhyolite）

岩石为紫红色，有斑状组织，长石之晶体甚显著，铁镁矿物为暗绿色，其量不如长石之多，在裂缝中有铁液之沉淀。

在显微镜下，长石有正长石与斜长石两种，面尚清洁，风化不深有碎块状，石英有蚀像。黑云母为深棕色，有甚深之多色性。石基为长条形之长石所成，有流纹状组织，中有高岭土与磁铁矿甚多。

## 第二节　江宁县东北区之建德系

### 甲、岩石概言

建德系在此区分布之地点，自北而南有栖霞山、汤山附近一带及大连山、淳化镇等处。栖霞山之建德系叶、喻二先生已有记述，兹不复赘。汤山附近，如汤王庙西南，汤山与周家边村间等处之建德系出露亦多,但皆为低小之山,或在沟中,大都为下蜀系黏土所掩覆,在枯山则出露于高家边层中,成耸立之孤峰。在大连山及淳化镇一带,或出露于高骊山系层中,或出露于石炭纪与二叠纪之各石灰岩中。岩石性质,有安山岩、石英安山岩及流纹岩等。此区之建德系不成高峻雄厚之山,较之中南二区,殊有逊色。

**乙、岩石类别**

一、淳化镇及其附近

(一)淳化镇老虎洞下　岩石 No.118　薄片 No.63

流纹岩(Rhyolite)

岩石为淡红色,云母成微细之片状。长石为灰白色,已风化。岩中空隙甚多,似为矿物晶体遗落后所留之痕迹。

在显微镜下,岩石之斑晶为石英、云母及长石。石英有蚀像成圆形。云母为棕色多色性甚深,四周起感应之边(reaction boader)并有磁铁矿之分出。磁铁矿与磷灰石为量不多。石基为石英与长石所成,长石已风化。此外并有铁氧之红色小点。岩中空隙甚多,其形状似前为矿物而现已脱落者。

(二)淳化镇新塘村东北　岩石 No.II,11　薄片 No.61

流纹岩(Rhyolite)

岩石为红色,黑云母尚可辨识。

在显微镜下,岩石之斑晶为石英、长石及黑云母。石英有蚀像成圆粒状。长石已风化成高岭土,在裂缝中有铁液之流入。有数处长石与石英相共生成文象结构。黑云母作长条形,尚鲜洁,变化不深。磁铁矿与磷灰石为量不多。石基为长石与石英所成,内含高岭土与红色之铁质甚多。

（三）大连山、孙家边相近　岩石 No.II，12　薄片 No.128

流纹岩（ Rhyolite ）

岩石为红色,晶粒甚细,长石与黑云母用扩大镜可以见之。

在显微镜下,斑晶为长石、石英及黑云母。各矿物之排列约略并行,有流纹状组织。长石多碎裂,石英量不多,黑云母作长条形,并含有磷灰石之包含体。除上之各矿物外尚有萤石,为量甚少。石基为长石与石英所成。长石成微细之长条。石英形状颇不规则。岩内高岭土甚多,致使岩石呈模糊不清之状。

二、汤山及其附近

（一）汤山东　岩石 No.II，26　薄片 No.154

安山凝灰岩（ Andesite tuff ）

岩石为红色,有斑状组织,斑晶为长石与黑云母。长石有长达五公厘者。

在显微镜下,长石为中性斜长石,成碎块状,有带状组织,风化不深,面尚清洁。磁铁矿有结晶形状,散布在岩体中。磷灰石为量极微。石基为铁质,在显微镜下现红色,内有少数微细之长石晶体。

（二）九胡庄附近汤水南大连山北　岩石 No.II，13　薄片 No.268

石英安山岩（ Dacite ）

岩石为红灰色,矿物晶粒甚细,非肉眼所能察。

在显微镜下,石英为量不多,晶体不完整,有成碎块状者。铁镁矿物成长条形之晶体,已风化成铁质,在反光镜下为红色,以其结晶体之形状观之,似为云母一类之矿物也。石基为长石质,已风化成高岭土,显流纹状组织,即斑晶中之云母,排列成行。

(三)汤王庙西南汤山　岩石 No.II，20　薄片 No.273

安山岩(Andesite)

岩石已风化,有斑状组织,斑晶为白色之长石,石基为淡红色。

在显微镜下,斑晶于磨片时脱落,石基为长石质,已风化成高岭土,内有少许之云母及黄色之点。

此岩石观其标本似为建德系中之岩石,可名之曰安山岩。

三、栖霞山及其附近 [①]

(一)栖霞山北坡　岩石 No.II，10　薄片 No.158

安山角砾岩(Andesite breccia)

岩石为淡红色,长石结晶体甚显著,多碎块状。铁镁矿物有黑云母,此外并有岩石碎块。

在显微镜下,岩中所有碎块,均为安山岩,内含矿物长石黑云母与磁铁矿等。长石为中性斜长石,有带状组织,已风化成高岭土与绢云母。黑云母大部份已变成铁质。石基为长石所成,都为微细之碎块,已风化成高岭土,并有少许之石英。

———————————

① 栖霞山之建德系,叶、喻二先生,已有详细之记述,兹不赘。

（二）象山北坡　岩石 No.II，9　薄片 No.150

石英安山岩（Dacite）

岩石为灰绿色,长石为灰白色之小点。含铁矿物用扩大镜可以见之,惟为量不多。

在显微镜下长石已风化成高岭土与绢云母,亦有变成方解石者,其四周往往有黑色之边,铁镁矿物以形状言,似为黑云母,但现已变成铁质,其原来之性质,已不存在。磁铁矿甚多,大小不一,有一部份由其他之含铁矿物变化而来。红色之赤铁矿、磷灰石与铬石英等,均为量极微,石基为长石所成,并夹有石英小粒、高岭土及绿泥石等。

## 第三节　江宁县中区之建德系

### 甲、岩石概言

此区喷出岩之露头甚多,北自大定坊,南至陶吴镇查塘村,西达江边,东迄东善桥之大山,除韩府山、吉山及凤凰山之一部份为侏罗纪之砂岩外,其余诸山,均为喷出岩所造成。其中山之高者,曰牛首山,高二四八公尺,祖唐山高二九九公尺,大山高一四四公尺。歪头山高二六五公尺,白头山高二二三公尺。此系岩石在中区非特成为高山,即较低之处亦到处可见。有已风化成土壤,农人用作耕田。江中之土耳矶、三山矶及烈山庙亦为此系岩石所成。与之接触之岩石,有各时期之火成岩,与有侏罗纪之象山层,成不整合接触。

### 乙、岩石类别

一、牛首山及其附近

（一）牛首山北杨家坟西　岩石 No.III，43　薄片 No.209，196

凝灰砂岩（Tuff sandstone）

岩石为紫白色，有紫色之圈，惟不甚显明。矿物颗粒不大。灰白色之长石尚能识辨，其他矿物则非肉眼所能察。岩中有碎块少许。

在显微镜下，长石变化甚深。在交叉聂氏镜下几无干涉色。其形为圆形，一如砂岩中所见者。铁镁矿物为量不多，亦已风化，其原来性质已不复存在，不克定其名称。白钛铁矿成小粒状。石基为长石质，矿物颗粒间及其四周，均为赤铁矿小粒所充填或环绕。

（二）牛首山司徒村东南路东小山　岩石 No.III，66a，b，c　薄片 No.210，195，194

凝灰砂岩（Tuff sandstone）

岩石内部为青灰色，外面为淡红色或红色。其浮面则有一层赤铁矿，若用锤击碎之，则有红色之圈，乡人常认作砂石，采取以制磨石，后因其太软而停止。岩中矿物有长石无完整之晶体，仅作白色之点。黄铁矿用扩大镜可以见之，为量颇丰。

在显微镜下，长石风化甚深，已变成高岭石与石英，每个晶体之界限均模糊不清。铁镁矿物几无所见。磁铁矿已变成白钛铁矿。黄铁矿甚多，常环绕长石之四周，当为后来所成。至于红色之圈为风化所致，因岩石中含有黄铁矿甚多，因风化关候将黄铁矿中之铁质氧化成铁氧,凝聚而成圆圈或条纹,已风化部份,黄铁矿甚少,即此故也。

（三）牛首山之西,王山南坡　岩石 No.III,42　薄片 No.93

安山岩（Andesite）

岩石为黄色,已风化,长石斑晶尚显著。裂缝中有铁液之流入。

在显微镜下,岩石为深黄色,风化甚深,因有高岭土与铁液,致使岩石呈不透明之状态。有数处色较淡,能见斜长石之晶体,但风化甚深,其原来性质已不存在,磁铁矿不成粒状,充填在裂缝中,或包含其他矿物,当为后来所成。石基为长石质,显泥土状。

（四）牛首山东,观音山许家凹子北小山　岩石 No.III,48 薄片 No.45

安山玢岩（Andesite　porphyrite）

岩石为斑状组织,长石之结晶体显著,大者达六公厘。已风化,色紫红。

在显微镜下,长石风化甚深,已变成高岭土,并有石英之分出,含铁矿物,风化亦深,现所见者只为黑色之边,但以结晶体之形状言,似为角闪石与黑云母。石基为长石所成,结晶程度尚深,成粒状,现已变成高岭土。

（五）牛首山东,观音山厚庄北小山　岩石 No.III,47a　薄片 No.44,43

安山岩（Andesite）

岩石为灰白色,有斑状组织,长石之结晶体甚完整,铁镁矿物,色绿,结晶体亦完善。

在显微镜下,长石晶体甚大,以斜长石为多,正长石为量极微,均已风化成高岭土与绢云母。黑云母已变化,现所见者只其四周磁铁矿之小点,间有一二之结晶体,能见其原来之矿物。磁铁矿与磷灰石或为包含体,或散布在岩体中,石基为细粒之长石及磁铁矿之小点所成,此外并有绢云母夹杂其间。

（六）牛首山之东（马路东）　岩石 No.III，41b　薄片 No.215

安山玢岩（Andesite porphyrite）

岩石为灰黄色,已风化,有斑状组织,长石晶体大者达五公厘。黑云母与角闪石为量尚丰。

在显微镜下长石已完全变成方解石与石英,其原来之性质已不复存在。角闪石变化亦深,成黄色之铁氧化物,并有黑色之边,现能识辨者只其结晶体之形状耳。磁铁矿与磷灰石,均成粒状,前者之量,较后者为多。石基为石质,成细粒状,中有方解石、高岭土及绿泥石等。

二、祖唐山及其附近

（一）祖唐山西约七里,里湖山　岩山 No.III，41　薄片 No.206

安山岩（Andesite）

岩石为紫色,有斑状组织质坚硬,白色之长石斑晶为量尚多,大小约自一至二公厘。铁镁矿物有黑云母与辉石,其量不如长石之多。

在显微镜下,斑晶有长石、辉石及黑云母等。其中以长石为最多,辉石次之,黑云母又次之。长石有带状组织,属中生斜长石,有钠斜长石(Albite)双晶,有数部份已风化成高岭土与绢云母。辉石已完全变化,其原来之性质已不存在,现所见者只为绿泥石、方解石及黑色之边。黑云母变化亦深,其中之铁已分出而成黑色之边,只中心部分尚保持其深棕色之多色性,磁铁矿大小不一,散布在石基之内,磷灰石不多,成长方之结晶体。石基为长石与铁矿所成,均为微细之长条形。长石已风化成高岭土,并有石英脉横贯其间。

（二）祖唐山南小山　　岩石 No.III，51　　薄片 No.208

晶基长英斑岩(Felsite porphyry)

岩石为白色稍带红。晶体不显明,然细察之,见灰白之晶体,包含在细致之岩体中。

在显微镜下,岩石大体为潜晶质,有数处有结晶较粗之正长石。岩内高岭土甚多,故有不洁之状。

三、东善桥及其附近

（一）东善桥吉山南　　岩石 No.III，60　　薄片 No.78

安山岩(Andesite)

岩石为深绿色。长石与铁镁矿物之结晶体,尚能辨识。

在显微镜下,岩石有斑状组织,斑晶有斜长石、辉石及云母等。长石为中性斜长石,风化成高岭土、绢云母及方解石等。辉石为无色,有已风化成绿泥石及绿帘石者。黑云母已完全变成绿泥石,其原来之性质已不存在。磁铁矿甚多,大小不一。石基为长石、辉石、绿泥石及磁铁矿所成。其中长石亦已风化成高岭土。

（二）东善桥大山、燕子口　岩石 No.III，83　薄片 No.25，26

石英凝灰岩（Dacite tuff）

岩石为红色，质松易碎，长石为灰白色蕴藏在红色之石基中。

在显微镜下，岩石为碎块状组织，长石已变成 Halloysite。Halloysite 为均质体，在交叉聂氏镜下为黑暗。磁铁矿甚多。石英面甚鲜洁亦为碎块状。岩中铁液甚多，致使岩石成为红色，有时铁液环绕晶体之四周。岩石中含有安山岩之碎块。

（三）东善桥风波村　岩石 No.III，62a　薄片 No.27，28

安山凝灰岩（Andesite tuff）

岩石为紫红色，碎块组织甚显著。长石碎块甚大。

在显微镜下，长石有正长石与斜长石两种，有已风化成高岭土。磁铁矿亦有。石基为长石碎块、高岭土及红色之铁质所成。在交叉聂氏镜下，长石中有微细之结晶体，显钠斜长石双晶，排列成行，似为后来所生成。

（四）东善桥大山之建德系岩层自下而上叙述如次：

1. 已变质之安山岩（Altered andesite）　岩石 No.III，68a，b，c　薄片 No.242，243，244

岩石为秽褐色，已风化，白色之长石尚可辨识，岩体都碎裂，在裂缝中有铁液之沉淀。

在显微镜下,岩石风化甚深。斑晶与石基之界限,模糊不清,只磁铁矿因其为黑色尚显明。在交叉聂氏镜下斑晶为长石,都碎裂无完整之结晶形,已风化成高岭土与方解石。磁铁矿成不规则之形状,石基为长石质,与斑晶有同样之风化,中有石英少许,其中有一部分石英与方解石,为后来所成。

2. 凝灰岩(Tuff) 岩石 No.III,69 薄片 No.241

岩石已破碎,在裂缝中有铁液、方解石及石英等之沉淀。色褐,不匀,内含矿物以长石为多,并有其他之岩石碎块。

在显微镜下,长石为碎块状,大小不一,已风化成方解石与高岭土等。黄铁矿成粒状,为量甚多。铁液有时沿矿物之碎块而沉淀。石基为长石质,内有磁铁矿之小粒,及甚多之高岭土,致使岩石有模糊不清之状。

3. 已风化之石英安山岩(Altered dacite) 岩石 No.III,70a,b,c 薄片 No.238,239,240

岩石为秽褐色,已碎裂,在裂缝中,有方解石与铁液之沉淀,岩石中有白色之点,当为已风化之长石也。

在显微镜下,斑晶为长石,已风化成方解石。磁铁矿之形状,颇不规则。此外并有黄铁矿等。石基为长石质,已风化成高岭土与方解石,中有石英甚多。

4. 已风化之石英安山岩(Altered dacite) 岩石 No.III,70d,e,f 薄片 No.234,235,236

岩石为秽褐色,与侏罗纪之砂岩相接触,已碎裂,在裂缝中有方解石与铁液甚多,黄铁矿用扩大镜可以见之。岩石因风化太深,全体呈模糊不清之状。

在显微镜下,此岩石之下部与水成岩相接触处,含方解石甚多。上部有长石之斑晶,因风化太深,光学上之性质,已早失去。岩石中有磁铁矿为不规则之形状,其中有一部份已水化成黄色。石基结晶甚细,为长石与石英所成,因风化已模糊不清。

5. 已风化之石英安山岩(Altered dacite) 岩石 No.III,71a 薄片 No.297

岩石为淡肉红色,已风化,有黄色之点,其中有成结晶体之形状者。

在显微镜下,斑晶为长石,已风化成高岭土,因染有铁质而呈黄色。磁铁矿成不规则之形状。石基为长石质,已风化成高岭土,中有石英为量尚多,其晶体往往较长石为大。

6. 已风化之安山岩(Altered andesite) 岩石 No.III,72a,b 薄片 No.246,247

岩石为污秽之肉红色,已破裂,在裂缝中有黄色之褐铁矿,长石为灰白色,尚可识别,斑晶为长石与黑云母二种,前者之量较后者为多。长石已风化,干涉色甚低,在裂缝中,有黄色之铁液。磁铁矿成粒状,散布在岩体中。石基为长石质,已风化成高岭土,其中含有不少之细条黑色之包含体,其排列方向,约略并行。方解石偶一见之。

7. 石英安山岩(Dacite) 岩石 No.III,73 薄片 No.248

岩石为紫红色,已腐烂,且破碎,矿物晶体甚细,除长石外,均非肉眼所能察。

在显微镜下,斑晶为斜长石,沿解理面风化成黄色之高岭土,铁镁矿物已完全变化成铁质,其晶体为细长之条形,似为黑云母一类之矿物。磁铁矿成黑色之小点,无一定形状。石基为细长之长石所成,中有磁铁矿、高岭土及石英等。长石之排列显流纹状组织,常环绕晶体之四周。岩体内含有石英与方解石之脉。

8. 火山角砾岩( Volcanic breccia ) 岩石 No.III,74 薄片 No.249

岩石甚污秽,带红色,内含白色之碎块甚多。

在显微镜下,岩中碎块以安山岩为多。长石均风化甚深,其原来之性质,已早失去。铁镁矿物,均已变成铁质。磁铁矿甚多,成不规则之形状或黑色之小点。

9. 石英安山岩( Dacite ) 岩石 No.III,75a,b 薄片 No.250,251

岩石带红色,中有黄色之点,岩石结晶甚细,内中矿物,非肉眼所能察。

在显微镜下,斑晶为长石,已风化成高岭土与绢云母。铁镁矿物,除磁铁矿外,余无所见。岩石甚破碎,磁铁矿常沿碎缝而沉淀。石基为极微细之长石,并有磁铁矿之小点及高岭土等。

10. 安山岩( Andesite ) 岩石 No.III,76 薄片 No.252

岩石为污秽黄色,已风化,斑晶为长石,岩中杂有黑色之铁液甚多。

在显微镜下,斑晶为长石,晶体甚大,风化甚深,已变成高岭石,因染有铁质面呈黄色,在交叉聂氏镜下,干涉色甚低,且都破碎。铁镁矿物,已完全变化,其光学上之性质,已早失去。磁铁矿亦有,为量不多,磷灰石为小粒状无完整之晶形。石基为长石质,内有高岭土及黄色之铁液甚多。

11. 石英安山岩(Dacite)  岩石 No.111,77  薄片 No.253

岩石为肉红色,内有长石与铁镁矿物。前者为肉红色,后者黑绿色。

在显微镜下,斑晶为长石,已风化成高岭土,有碎块状,铁镁矿物已风化成铁质,其原来性质已不存在。石基为长石质,模糊不清,内含石英为量尚不少。

12. 安山角砾岩(Andesite breccia)  岩石 No.III,78  薄片 No.253

岩石为紫红色,已破裂,铁质沿碎裂处而沉淀。岩中含安山岩碎块甚多。

在显微镜下,斑晶为长石,已风化成高岭石,在聂氏镜下干涉色甚低,晶体都不完整,有成碎块状。磁铁矿尚不少,其中一部份系由铁镁矿物变化而来。石基为长石质,已变化成高岭土与绢云母,内有磁铁矿之小点甚多。

13. 凝灰岩(Tuff)  岩石 No.III,79  薄片 No.255

岩石为红褐色,矿物之颗粒甚细,为肉眼所能察见者,只灰白色之小点而已矣。

在显微镜下,其中矿物碎块以长石为多,已风化成高岭土,磁铁矿为黑色之小点,为量不多。每矿物之颗粒间,常为黄色之斑点所环绕。

14. 安山岩（Andesite） 岩石 No.III，80 薄片 No.256

岩石为黄褐色,已风化,矿物颗粒模糊不可辨。

在显微镜下,斑晶为长石,其中有带状组织,已风化成高岭土,其排列方向略约平行。铁镁矿物,除少许之磁铁外几无所见。长石为淡黄色,内有玻璃质,有数处有流纹状组织。

15. 凝灰岩（Tuff） 岩石 No.III，81 薄片 No.257

岩石带灰绿色,矿物之颗粒甚细,非肉眼所能察。

在显微镜下,矿物碎块以长石为多,已风化成高岭土。磁铁矿甚多,或为块状或成小点,散布在岩体之中。石基为长石、磁铁矿及高岭土所成。

（五）东善桥吉山东部 岩石 No. III，61a，b 薄片 No.3.4.5.6

石英安山斑岩（Dacite Porphyrite）

岩石为黄绿色,已风化,灰白色之长石与绿色之含铁矿物尚可识别。

在显微镜下,此岩石有斑状组织,斑晶以长石为主,风化甚深,已变成高岭土、绢云母及方解石等,其原来性质已不存在。石英为量不多,无完善之晶体,其中一部份为次生所成。铁镁矿物已完全变成绿泥石。磁铁矿甚多,有已变成白钛铁矿者。磷灰石为岩石中惟一之鲜洁矿物。石基为长石、高岭土、绿泥石、磁铁矿所成,因风化太深,致模糊不可辨。

四、秣陵关及其附近

（一）凤凰山,引山 岩石 No.III，87 薄片 NO.212

石英安山玢岩（Dacite porphyrite）

岩石为紫灰色,已风化,灰白色之长石,尚能识辨。岩石中有黄色之点,当为铁镁矿物风化而成。在裂缝中有铁液之沉淀。

在显微镜下长石风化甚深,已变成高岭石,在交叉聂氏镜下,几无干涉色。结晶体之形状,已模糊不可辨,铁镁矿物已变成黄色之铁氧化物,其原来之矿物已不克鉴定。黑云母亦已变化,只剩少数之残余物,尚能保持其原来之多色性,磁铁矿成粒状,量尚不少。磷灰石不过偶一见之。石基甚少,为长石质,中有石英。

(二)凤凰山癫痫山　岩石 No. III,88　薄片 No.213,214 与 35,36 同

石英安山玢岩(Dacite porphyrite)

岩石为紫红色,已风化,矿物颗粒甚细,非肉眼所能辨。磁铁矿有时相聚在一处。在岩石之空隙中,生有髓石。

在显微镜下,岩石为斑状组织。风化甚深,矿物晶体间之界限,模糊不可辨。斑晶为长石,已变化成高岭石与石英。岩石中铁质甚多,或沿矿物之四周,或侵入于矿物之解理中,当为后来所成。铁镁矿物,都已变成铁质,其原来之性质已不复存在。磷灰石亦有,惟为量不多。此岩石之性质与(一)相似,所不同者,此岩石含铁质较富耳。

(三)秣陵关小张山南坡　岩石 No. III,89　薄片 No.17,18

石英安山玢岩(Dacite porphyrite)

岩石为灰红色,已风化,有斑状组织,长石之晶体甚

显明。

在显微镜下,长石风化甚深,其面为高岭土与铁质所盖,现所见者只其结晶形状耳,双晶有时可见,但已不明晰。磁铁矿大小不一,无完善之结晶体。在大的长石中,常包含小块之斜长石。石基为小粒之长石所成,并夹有石英少许。

五、西善桥及其附近

(一)西善桥大山南麓,大金村后　岩石 No. III, 14　薄片 No.85

凝灰岩( Tuff with iron solution )

岩石为紫红色,含铁质甚富,白色之长石,尚可辨识。

在显微镜下,长石或为长方形之晶体,或为碎块,均已变化,而生次生石英。铁镁矿物似有存在,但已变化成铁质,其原来之矿物已不可辨。岩内铁质甚多,常环绕矿物之四周,而为该岩石之粘质。

(二)西善桥南大山　岩石 No. III, 15　薄片 No.84

石英安山岩( Dacite )

岩石大体为紫红色,已风化,有斑状组织,长石晶体甚大,色灰白,有泥土状。石基之色不匀,有紫红色,有灰白色。

在显微镜下,长石风化甚深,有石英之分出。铁镁矿物已变成红色之铁氧,原来之性质,已不存在。石英晶体甚大,有蚀像,其四周起有变化( reaction border )。磁铁矿甚多,有已变成白钛铁矿。石基为长石、石英及磁铁矿之小点所成。其中之长石亦已风化,而不鲜洁。

(三)西善桥南首东家凹子之南　　岩石 No.III, 18　薄

片 No.79

石英安山岩（Dacite）

岩石有斑状组织，长石晶体甚大，色淡黄，黑色矿物亦有，惟为量不多，散布在红色之石基中。

在显微镜下，长石已变成高岭土与方解石，并有石英之分出，铁镁矿物，为铁质所盖覆，已不知其原来之矿物矣。原生石英亦有，显蚀像。石基为长石，磁铁矿及铁液所成。其中之长石已大部份变化成高岭土，致使岩石污浊不清。

（四）西善桥南首东家凹子　岩石 No. III，17　薄片 No.77，78

石英安山岩（Dacite）

岩石为蓝色，质坚硬，有斑状组织。石英与长石之斑晶甚大。石基为蓝色，结晶甚细，非肉眼所能察。

在显微镜下，石英与长石之斑晶甚大，且多裂缝，有岩浆流入其间。石英之四周常为绿色之矿物所环绕。长石边部亦因与岩浆发生变化，而起黑色与绿色之小点。晶体之大者显 Manebach 与 Albite 二种双晶，有带状组织，以性质论为一种中性斜长石。辉石为淡绿色，为量不多，有数处已变成绿泥石。尚有一种矿物，变化较深，其面为黑色之磁铁矿所盖，其原来之性质，已不复存在。磁铁矿、磷灰石亦有，磷灰石为量甚少。石基为微细之斜长石，绿泥石及磁铁矿所成，排列并行，显流动状态。

（五）东家凹子之南，马鞍山北坡　岩石 No. III，19b　薄片 No.80

安山岩（Andesite）

岩石为淡红色有斑状组织，在裂缝中有铁液之流入，长石晶体，尚可辨识。

在显微镜下，长石晶体甚大，并有石英之分出。铁镁矿物现已完全变化，现所见者只为红黄色之铁质而已。黑云母亦有，但不多，磁铁矿大小不一。磷灰石为量极微。石基为长石质，已风化成高岭土，内中矿物颗粒，已模糊不可辨。铁液沿岩石之裂缝横贯全体。

（六）西善桥马鞍山南坡　岩石 No.III，20　薄片 No.83

安山岩（Andesite）

岩石为绿色，已风化，有斑状组织。长石之晶体为灰红色，甚易识别。

在显微镜下，长石风化甚深，其光学性质，已不复存在。即结晶体之形状，亦模糊不可辨。铁镁矿物不多，但已风化成绿泥及铁氧，此外尚有磷灰岩及磁铁矿等。石基为长石、绿泥石及高岭土所成，因风化甚深，有泥土之状。

（七）西善桥马鞍山领口　岩石 No.III，21　　薄片 No.82

安山岩（Andesite）

岩石为红色，有斑状组织，已风化。长石为灰白色，有泥土状，在裂缝中有黄色之铁液。

在显微镜下，长石已变化成高岭石与方解石。黄色之铁液包围矿物之四周。此外尚有磁铁矿、磷灰石及锆石英等矿物。石基为长石质，并杂石英少许，长石已风化成高岭土。

（八）西善桥东南朝龙山之南　岩石 No.III，22　薄片 No.92

凝灰岩（Tuff）

岩石为白色，已风化。长石之晶体，尚可识别。

在显微镜下，长石已风甚深，已变成高岭石，并有石英之分出。长石颗粒之界限，不甚显明，然细察之，均为碎块状。磁铁矿大小不一，有已变成白钛铁矿者。

（九）西善桥斗门山北部与南部　岩石 No.III，19b　薄片 No.91

安山岩（Andesite）

岩石为肉红色，斑晶为长石与铁镁矿物二种，散布在石基之中。

在显微镜下，长石风化甚深，其原来之性质，已不复存在，现所见者只为高岭石而已，并有石英之分出。铁镁矿物已完全变化成铁质，不克鉴定其名称。石基以细粒之长石为最多，并有磁铁矿与高岭土。

（十）西善桥南斗门山中部　岩石 No.III，16a　薄片 No.90

石英安山岩（Dacite）

岩石为绿色，有斑状组织，斑晶为长石、石英及铁镁矿物等。

在显微镜下，长石为中性斜长石，在边部及裂缝处，已风化成方解石及绢云母，角闪石中心部份已变化成绿泥石，其四周有磁铁矿之小点。黑云母亦有同样之变化，石基中长石甚多,成细长方形,有已变成绢云母,此外尚有绿泥石、磁铁矿及石英少许。

(十一)西善桥东南石山徐村　岩石 No.III,23　薄片No.117

岩石为肉红色,长石晶体,多而且大。磁铁矿亦有。此岩石并包含绿色岩石之碎块。

在显微镜下,长石晶体甚大,风化不深,有带状构造,是为中性斜长石,铁镁矿物甚多,其形状似为黑云母,但为铁质所盖,其原来性质已无存者。磁铁矿甚多,一部份为原生者,又一部份为从其他之矿物中变化而来。石基为长石质,但为高岭土所盖,矿物颗粒不清,显泥土之状,其中铁液甚多,致使岩石成红色。

六、陶吴镇及其附近

(一)冯村西北老山顶　岩石 No.III,24　薄片 No.109

安山凝灰岩(Andesite tuff)

岩石为绿色,质细,长石用肉眼能辨识之。

在显微镜下,长石风化甚深,其面全为高岭土与绢云母所盖,双晶亦模糊不清,长石之形状,有为长方形,有为碎块形。角闪石之各种性质已全失去,现已变成绿泥石,并有磁铁矿之分出。磁铁矿甚多,无完善之晶体,多数从铁镁矿物变化而来。磷灰石亦有,为量不多。石基为长石、绿泥石及磁铁矿所成,内中长石亦已风化。该岩石之组织,为火成碎块状。

(二)龙山(陶吴镇西四里)　岩石 No.III,64　薄片No.99

碎块石英安山岩（Brecciated dacite）

岩石带黄色为角砾状、灰白色之长石，尚易识别，铁液甚多，沿裂缝而充填。

在显微镜下，长石风化甚深，已全变成高岭土与绢云母，至有石英之分出，其结晶体，亦模糊不可辨。石英为量不多，有蚀像，且多碎裂。岩中铁液甚多，或充填在裂缝中，或环绕矿物之四周，在反光镜下为红色。辉石亦有，成小粒状，为量甚微。磁铁矿为黑色之小粒。岩基为长石质，中有石英，内中长石亦已变成高岭土与绢云母。

七、查塘村及其附近

（一）查塘村之东　岩石 No.III，30　薄片 No.110

安山角砾岩（Andesite breccia）

岩石为紫色，长石之斑晶甚显著，并含有其他火成岩之碎块。

在显微镜下，长石风化甚深，已变成高岭土、绢云母及方解石，并有矽氧之分出，其晶体形状，有为长方形，有为碎块形。铁镁矿物已变化，为铁质所盖，其原来性质，已不复能识矣。铁液甚多，沿各种矿物之四周而分布，为后来所注入。石基中有长石与铁质，并有少许之石英小粒。长石亦已风化甚深。

（二）查塘西北里许路旁　岩石 No.III，39　薄片 No.94

安山岩（Andesite）

岩石为灰绿色，质坚硬。长石、黄铁矿等晶体，用肉眼尚能辨识。此外尚有绿色之铁镁矿物。

在显微镜下,长石为中性斜长石,已风化成高岭土与绢云母。钠斜长石双晶尚明晰。长石之晶体有成碎块状者。铁镁矿物风化甚深,其原来性质,已不存在,现所见者只为绿泥石与方解石而已,其四周均为磁铁矿之小点所环绕,磁铁矿甚多,或包含在长石之内,或散布在石基之中,磷灰石亦不少,石基为微细之长石、绿泥石及磁铁矿所成,绕斑晶之四周而排列,显流纹状组织。

（三）查塘村西北里许　　岩石 No.III, 34　薄片 No.114

火山角砾岩( Volcanic breccia )

岩石为灰色,已风化,长石成白色之点,此外并有大小岩块甚多,岩石全体为大小裂缝所纵横,裂缝中有铁液之充填。

在显微镜下,岩石中之碎块,多数为长石,因风化甚深,其性质已不复存在。现所见者只为高岭土、绢云母及方解石等矿物。内含磁铁矿甚多,有已变成白钛铁矿者。磷灰石亦有,少完善之晶形。此外尚有黄色之点,为一种含水氧化铁也。

（四）歪头山龙华庵下路旁　　岩石 No.III, 29　薄片 No.95

安山岩( Andesite )

岩石为深灰色,质坚硬,白色之长石及黄铁矿与磁铁矿均能用肉眼辨识之。

在显微镜下,斜长石风化甚深,已变成高岭土与绢云母,亦有变成含水云母者,铁镁矿物已变成绿泥石,并有磁铁矿之分出,磁铁矿甚多,或包含在其他矿物之斑晶中,或散布在石基之内。石基为长石、绿泥石及磁铁矿所成。惟长石风化甚深,矿物之颗粒,均不明晰。

（五）歪头山　岩石 No.III, 27　薄片 No.113

石英安山岩（Dacite）

岩石为灰红色,已风化,有斑状组织,长石斑晶尚显著,此外尚有红色之点,散布在岩体之中。

在显微镜下,长石斑晶已完全风化成高岭石,与石基相混而莫辨,只在交叉聂氏镜下得见其形状。磁铁矿甚多,有已风化成褐铁矿者。石基为长石与石英所成,为细粒状组织。

（六）塘村岭（即歪头山南龙华庵南首岭上）　岩石 No.III, 326　薄片 No.101

石英安山岩（Dacite）

岩石之色不匀,有为红色,有为白色。长石晶体不甚显著,裂缝颇多,其中为铁液所充填,有小孔成细胞状,但不甚明显。此岩石似曾受热之烘灼。

在显微镜下,岩石全体为小粒之长石所成,并夹有石英。长石已风化成高岭土,间有一二斑晶,亦模糊不可辨。岩石中赤铁矿甚多,在反光镜下,现红色之点,气孔大小不一,其排列并无一定方向。

（七）朱晖村相近（查塘西北路旁）　岩石 NO.III, 14　薄片 NO.198

安山岩（Andesite）

岩石为淡灰色,质细而坚。白色之长石用肉眼得辨识之。

在显微镜下,此岩石以长石为主要矿物,风化甚深,其面为高岭土与绢云母所盖,并有矽氧之分出。磁铁矿之形状,颇不完整,有已水化成黄色。磷灰石之晶体,亦不整齐,为量尚不少,散布在岩石之中。此外尚有绿色之矿物,似为角闪石。石基为长石所成,杂有绿泥石与磁铁矿等,其中长石因风化甚深,使矿物颗粒不清,呈混乱状态。

（八）梅子冲与歪头山中间山脚　　岩石 No.III, 30　薄片 No.229

安山玢岩（Andesite porphyrite）

岩石为绿色,已风化。长石斑晶为浅肉红色,尚显著。铁镁矿物为深绿色,晶体不如长石之大,在裂缝中有黄色之铁液。

在显微镜下,长石以斜长石为多,有带状构造,为中性斜长石,已风化成高岭土与绿泥石。铁镁矿物亦已变成绿泥石,并有黑色之边,其原来性质已不存在,石基为斜长石所成,中有高岭土、绿泥石及磁铁矿等。长石为长方形,有数处并行排列,显流状组炽。磷灰石成粒状,为量不多。

（九）歪头山西脚　岩石 No.III, 26a　薄片 No.226

长英岩（Felsite）

岩石为灰白色,质松,红色之铁液,常沉淀在裂缝或空隙中。长石虽显晶体形,但亦模糊不可辨。

在显微镜下,岩石几全为长石所成,已风化成高岭土与绢云母。空隙之四周,有红色铁液之沉淀。石英亦沉淀在空隙之边际,有时成脉形,横贯岩石之全体。

（十）歪头山西坡　岩石 No.III, 26b　薄片 No.227

安山岩( Andesite )

岩石为灰白色,已风化,甚破碎,在裂缝中有铁液之沉淀。长石斑晶为乳白色,为量尚不少。其他矿物几无所见。

在显微镜下,长石斑晶甚大,有成碎块状者,已变成高岭石,干涉色甚低,在交叉聂氏镜下几黑暗。铁镁矿物,除磁铁矿外余无所见。石基为微细之斜长石所成,已风化成高岭土,中有铁质及磁铁矿之小点甚多,裂缝中有铁液之沉淀,并有石英细脉贯穿其间。

（十一）歪头山近顶　岩石 No.III, 28　薄片 No.228

长英岩( Felsite )

岩石为灰白色,质细密,在裂缝中有铁质之沉淀,长石成灰白色之小点,其外观颇似岩石 No.III, 26b,薄片 No.227

在显微镜下,岩石为微晶之长石与石英所合成。长石已风化成绢云母。石英面尚鲜洁,有时凝聚而成较大之块。除此二矿物外,尚有细粒之角闪石,解理与多色性尚明显。铁质成黄色之点,在岩石中甚多,又岩中富有空隙,无一定之形状。

（十二）查塘村西大考山南坡建德系之岩层自下而上可分为下之五层:

1. 安山岩( Andesite ),在大考山脚下沟中　No.III, 33　薄片 No.225

岩石为黑绿色,质坚硬,长石成斑晶,为量不多,色灰白。铁镁矿物用肉眼尚能观察。

在显微镜下,长石风化甚深,已变成绿泥石、绢云母与高岭土等,其双晶已模糊不可辨。铁镁矿物之结晶体为柱形状,已完全变成绿泥石,其原来之性质已不存在,磁铁矿甚多成粒状,有已变成白钛铁矿者。石基为细长之斜长石所成,中有绿泥石及磁铁矿之小点甚多,略显流纹状,有时环绕斑晶四周。石基之量约占岩石全体三分之二以上。

2. 火山角砾岩(Breccia) 岩石 No.III,34 薄片 No.260

岩石带红色,已风化,内含矿物为斜长石,成灰白色之点。其余则非肉眼所能察。岩中含有他种岩石碎块。

在显微镜下,长石碎块甚多,已风化成高岭石,与石基之界限不易分清。含铁矿物除少许之磁铁矿外,余无所见。石基为长石质,已风化成高岭土与绢云母,并有石英及黄色之铁氧。

3. 安山角砾岩(Andesite breccia) No.III,350,b 薄片 No.261,262,263

岩石略带红色,矿物颗粒甚细,非肉眼所能察。

在显微镜下,岩中矿物以斜长石为主,并有少许之磁铁矿,黄色之铁氧在岩内散布甚多。斜长石均为碎块状,无完整之晶体,已风化成高岭土与绢云母,在交叉聂氏镜下尚能见其双晶。裂缝中常有铁液之沉淀。

4. 安山岩(Andesite) 岩石 No.III,36 薄片 Nh.264

岩石与(三)相似,惟矿物颗粒稍大,长石之晶体较为显著,且不含他种岩石碎块。

5. 安山凝灰岩(Andesite tuff) 岩石 No.III,37a,b,c 薄片 No.265,267

岩石为绿色,内有灰白色之长石晶体。

在显微镜下,矿物碎块均为斜长石,已风化成高岭土。磁铁矿成黑色之块状。在矿物颗粒之间,杂有绿泥石,致使岩石成绿色。石基为长石质,中有绿泥石、磁铁矿及石英,内中长石已风化成高岭土。

（十三）前石塘西北二里　岩石 No.III，29　薄片 No.105

安山玢岩（Andesite Porphyrite）

岩石为黄绿色,已风化。长石与铁镁矿物之结晶体尚大,用肉眼可以识别。

在显微镜下,斜长石已风化成高岭土与绿泥石,铁镁矿物风化已深,面上常为绿泥石所盖,四周则有黄色之铁液,其原来矿物已不克鉴定,以晶体形状言,此铁镁矿物似为角闪石。磁铁矿与磷灰石甚多,而磁铁矿为量尤丰。石基为长石、绿泥石及磁铁矿所组成,因风化已深,故矿物颗粒不清,而呈混乱状态。

八、土耳矶及其附近

（一）土耳矶　岩石 No.III，9　薄片 No.64，65

安山玢岩（Andesite Porphyrite）

岩石为紫色有斑状组织,长石为灰白色,结晶体之大者达五公厘,云母作麟片状,尚有其他之铁镁矿物,则非肉眼所能察。

在显微镜下,斜长石之结晶体甚多,有带状构造,含赤铁矿之小点甚多,沿长石之边而排列。黑云母与角闪石有甚显著之多色性,其四周均有黑色铁质之边。辉石为淡绿色,亦常有同样之黑边。绿泥石由铁镁矿物变化而来,其原来之矿物已不克鉴别。石基为潜晶质,有微细之斜长石晶体甚多,并杂有玻璃质少许。

（二）三山矶金城公司下　岩石 No.III，10b　薄片 No.68，69

安山玢岩（Andesite Porphyrite）

岩石为紫色,有斑状组织,长石斑晶甚大,黑云母亦见。此外尚有黄色之点,由铁镁矿物变化而来。

在显微镜下长石属中性斜长石,已变化成方解石,并有石英之分出。铁镁矿物亦已变化,均有黑色铁质之边,其原来性质,已不存在,石基为长方形斜长石所成,内有铁质小点甚多。方解石脉横贯岩石之全体。石英为次生矿物,由其他矿物变化而来。

（三）三山矶南金城公司　岩石 No.III，8a　薄片 No.70，71

安山玢岩（Andesite Porphyrite）

岩石为紫色,有斑状组织,内含矿物有长石与黑云母等。

在显微镜下,斜长石已风化且已碎裂,内有赤铁矿之包含体。黑云母之面,常为磁铁矿所盖,其光学上之性质,已早失去,现已变成黑色之铁。辉石之中心部份尚鲜洁,其边部则已变成 antigorite。石基为长石质,因风化而呈模糊之状。

（四）三山矶　岩石 No.III，8b　薄片 No.72，73

安山玢岩（Andesite Porphyrite）

岩石为黑绿色,有斑状组织,长石、辉石之晶体尚易识别。

在显微镜下,斑晶为斜长石、辉石与黑云母。斜长石尚鲜洁,有带状构造,并有 Albite 与 Manebach 双晶。辉石有已变成绿泥石与方解石者,黑云母亦已变成绿泥石,并有磁铁矿之分出。磷灰石亦有,但为量不多。石基为微细之斜长石、绿泥石及磁铁矿所成。

(五)江宁镇之西约八里船基村旁小山　岩石 No.III,6　薄片 No.118，119

安山玢岩(Andesite Porphyrite)

岩石为紫灰色,长石晶体甚显著,铁镁矿物作长条形。

在显微镜下,斑晶为长石,已风化成高岭土与绢云母。黑云母亦已变化,其面为磁铁矿所盖,磁铁矿除由云母变化而来外,尚有生于矿物颗粒间者,当为后来所结成。石基为长石所组成,与斑晶有同样之变化。此外尚有磁铁矿之小点。

(六)烈山(江中)　岩石 No.III，1　薄片 No.120，121

安山玢岩(Andesite Porphyrite)

岩石为绿色。长石之晶体甚多,铁镁矿物亦有所见。

在显微镜下,岩石含有长石甚多,已风化成高岭土与绢云母,亦有变成绿泥石者。磁铁矿亦有,其生成时间与长石同时或稍后。角闪石亦有所见,石基为长石所成。

## 第四节　江宁县南区之建德系

### 甲、岩石概言

此区喷出岩,以出露于陶吴至小丹阳之大路以西为多,如鸢子山、夜合山、黄谷山、天马山、宝塔山等均是也。其中以鸢子山为最高,约二八五公尺,而天马、宝塔二山亦高二百余公尺。大路以东喷出岩之露头较少,且不成高大之山。与之接触之岩石,有侏罗纪之砂岩,成不整合接触,于天马山所见者,最为明晰(见第十五图)。

### 乙、岩石类别

#### 一、横溪桥及其附近

（一）横溪桥西龙王桥西　　岩石 No.IV，40　　薄片 No.173

石英安山凝灰岩( Dacite tuff )

岩石为灰黑色。含有肉红色之长石斑晶。磁铁矿成黑色之点,不用扩大镜亦能见之。

在显微镜下,长石已风化,变成高岭土,有带状构造,都碎裂。铁镁矿物已变化,并分出其所含之铁质。石英有原生与次生两种,次生石英大都从长石变化而来。磁铁矿成粒状。此外尚有方解石等矿物,石基为长石与石英所成,为碎块状组织。

（二）横溪桥西龙王桥南　　岩石 No.IV，41　　薄片 No.180

安山凝灰岩( Andesite tuff )

岩石为深灰色,长石成斑晶。铁镁矿物为黑色,不用扩大镜亦能见之。

在显微镜下,长石已风化成高岭土。铁镁矿物亦已变成磁铁矿,其原来之性质已早失去,现所见者,只为黑色之面而已。铁液常环绕矿物之四周。石基为长石、石英及磁铁矿所成,其中长石亦已风化成高岭土。磷灰石成圆粒状,为量极微。此岩石之组织,除斑晶外,多碎块状。

(三)横溪桥西,龙王桥南　岩石 No.IV, 41　薄片 No.181

安山岩( Andesite )

岩石为暗红色,长石不如岩石 No.IV, 41 之多。铁镁矿物结晶尚大,散布在暗红色之石基中。

在显微镜下,斜长石有带状构造,属中性斜长石,已风化成高岭土、方解石。铁镁矿物已变成磁铁矿。矿物之四周,常为铁液所环绕,裂隙中亦有铁液之沉积。石基为长石(已风化)所成。

(四)横溪桥西大路侧　岩石 No.IV, 42　　薄片 No.182

安山岩( Andesite )

岩石质松易碎,有斑状组织,长石为白色,玛瑙为绿色,铁镁矿物为暗红色,三者相杂而生,颇形美观。

在显微镜下,长石有带状构造,已风化成高岭土,在裂缝中有铁液之流入。铁镁矿物有辉石,为量极微。矽质物充填在空隙中,显带状组织,为玛瑙一类之矿物。磁铁矿成粒状,大小不一。石基中有长石、高岭土及磁铁矿等。

(五)横溪桥西半里河中　岩石 No.IV, 85　薄片 No.143, 144, 145

火山角砾岩( Volcanic breccia )

岩石大体为紫红色,含岩石碎块甚多。

在显微镜下,此火山角砾岩之情形如下:

(a)此火山角砾岩内含之碎块有二种,第一种为安山岩,斑晶为中性斜长石,有带状构造,已风化为高岭土与绢云母。铁镁矿物亦已变化,现所见者只其晶体之形状及其四周之铁,其原来性质,已不复存在。石基为长石所成,已受同样之风化。

第二种为安山凝灰岩,斑晶为斜长石,碎块甚多,铁镁矿物均风化成铁质。石基为长石碎块与磁铁矿所成。长石不论为斑晶或在石基内,均已风化。

(b)此角砾岩本身所含之矿物,亦以斜长石为主,多碎块状。磁铁矿甚多,有从铁镁矿物变化而来者。石基为长石之碎块所成,内中铁液甚多,致使岩石成为红色。

(六)横溪桥西南　岩石 No.IV, 50　薄片 No.184

石英安山岩(Dacite)

岩石为绿色,质坚硬,有斑状组织,斑晶为灰白色之长石。

在显微镜下,长石有带状构造,有已变成高岭土与方解石者,铁镁矿物亦已变化,其原来性质,已不可辨。磁铁矿或为块状,或为小点,常环绕各矿物之四周而排列。磷灰石亦有,但不多。石基为长石、石英、高岭土与绿泥石等所合成。绿泥石有生于矿物之裂缝中者。

(七)横溪桥北大路西　岩石 No.IV, 46　薄片 No.155

安山岩(Andesite)

岩石为紫色,有斑状组织,灰白色之长石晶体尚清楚。

在显微镜下,斜长石为中性斜长石,有已风化成高岭土者,岩内磁铁矿甚多。石基为细长之斜长石所成,含铁甚多,致使岩石成为紫色。

（八）横溪桥西，云台山东南坡，连鱼塘曾庄之间　岩石 No.IV，39　薄片 No.186

流纹岩（Rhyolite）

岩石为淡红色，已风化，长石晶体较大，为肉红色，散布在灰色之石基中，成斑状组织。

在显微镜下，长石风化甚深，已早失其原来之性质。磁铁矿大小不一，石基为长石所成，亦已风化成高岭土，有与石英共生成珠球状（Spherulitic）构造。

（九）横溪桥东韩村　岩石 No.　薄片 No.146

安山岩（Andesite）

岩石为绿灰色，有斑状组织，长石之晶体甚显明。

在显微镜下，长石为中性斜长石，有带状构造，风化不深，面尚鲜洁。长石之裂缝中有铁质之沉积。磁铁矿成粒状，为量尚丰。角闪石为黄绿色，有多色性，为量甚少。此外尚有磷灰岩少许。石基结晶甚细，为长石与磁铁矿之小点所成。

（十）横溪桥东扒扒桥　岩石 No.IV，54　薄片 No.188

安山凝灰岩（Andesite tuff）

岩石为灰色。矿物有长石与铁镁矿物等，前者色肉红量丰，后者色绿量寡。

在显微镜下，长石有正长石与斜长石两种，斜长有带状构造，二者均风化成高岭土，角闪石为红棕色，已变化，现所见者只其残余部份而已。其四周为铁液所包围。磁铁矿甚多，大小不一。此外尚有磷灰石等。石基为长石质，亦已变化成高岭土，并有长石碎块甚多。

（十一）横溪桥东洪阳墅西　岩石 No.IV，48a　薄片 No.187

安山岩（Andesite）

岩石为暗红色，长石之晶体，甚显著，色灰白。角闪石之结晶体，虽不及长石之多，但甚伟大，长达五公厘以上。

在显微镜下，长石为中性斜长石有带状构造，变化不甚深，都碎裂，中有铁液流入。角闪石为深棕色，多色性甚强。辉石稍带绿色。磁铁矿甚多，大小不一。石基中有长石、磁铁矿及铁质。长石有成尖角形之碎块。

（十二）横溪桥东洪阳墅西　岩石 No.IV，48c　薄片 No.158

角闪石安山岩（Hornblende andesite）

岩石为暗红色，长石晶体甚显著，色灰白。铁镁矿物亦有，惟为量不多。

在显微镜下，长石为斜长石，已风化成高岭土，有带状构造，属中性斜长石，角闪石为深棕色，多色性甚强，有黑色铁质之边。磁铁矿甚多，大小不一。石基为长石质，内含高岭土甚多，致使其面模糊不可辨。

（十三）横溪桥东洪阳墅西　岩石 No.IV，48b　薄片 No.157

角闪石安山岩（Hornblende andesite）

此岩石与前相似。在显微镜下，斑晶为中性斜长石与角闪石二种。长石有带状构造，已风化成高岭土，在长石之裂缝中，有赤铁矿可见。角闪石已变成绿泥石，并有黑色磁铁矿之边。石基为长石、磁铁矿及角闪石所成,长石亦已风化成高岭土。

（十四）洪阳墅西圣堂中大路　岩石 No.IV, 51　薄片 No.189

安山岩（Andesite）

岩石为灰白色,长石甚多。铁镁矿物有二种,一暗绿色,一黑色,其名称非肉眼所能定。

在显微镜下,长石已变成高岭土,有带状构造。铁镁矿物已完全变成铁质,其原来之性质,已不存在,惟视其晶体形状,似为一种角闪石。磁铁矿甚多,大小不一,此外并有少许之磷灰石。石基为长石所成,结晶体甚细,并杂有磁铁矿之小点。长石亦已风化成高岭土,呈不洁之象。

（十五）横溪桥东北,西圣堂　岩石 No.IV, 49　薄片 No.147

安山岩（Andesite）

岩石为灰白色,长石结晶体尚大,色灰白。此外尚有铁镁矿物,用扩大镜得见之,散布在岩体之中。

在显微镜下,斑晶有斜长石与铁镁矿物两种。长石风化不深,有带状构造,属中性斜长石。铁镁矿物已变成黑色之铁质,其原来之性质早已失去。角闪石不多,色黄有多色性。石基为长石与磁铁矿所成,内中长石,晶粒微细,已变成高岭土。

（十六）横溪桥西孙家　岩石 No.IV, 52　薄片 No.142

安山玢岩（Andesite porphyrite）

岩石为灰色,长石之晶体,尚易识别,此外尚有黑色之铁镁矿物。

在显微镜下,斑晶为斜长石与铁镁矿物,斜长石已风化成高岭土,其面甚不清洁。铁镁矿物均变化成黑色之铁质小点,其原来性质,已早失去。石基为细粒之长石与磁铁矿所成。长石已风化成高岭土。

(十七)赵村南　岩石 No.IV，56　薄片 No.162

安山玢岩( Andesite porphyrite )

岩石带绿色,为中粒状组织,斑晶为长石甚显著。铁镁矿物为绿色,岩石之风化程度尚不甚深。

在显微镜下,斑晶为中性斜长石,有带状构造,有数处已风化成高岭土。铁镁矿物已变成绿泥石与绿帘石等。磁铁矿散布在岩石中,为量尚不少。石英只能在空隙间见之。此外尚有磷灰石,为此岩石之副矿物。石基为长石( 已风化成高岭土 )、绿泥石及磁铁矿所成。

二、小丹阳及其附近

(一)小丹阳上四陇东　岩石 No.IV，3　薄片 No.171

石英安山岩( Dacite )

岩石为黄灰色,风化甚深,灰黄色之长石尚能辨识。此外尚有带绿色之矿物,其名称非肉眼所能定。

在显微镜下,岩石几全为黄色之高岭土,矿物颗粒均不显著。在交叉聂氏镜下,长石已变成高岭土与方解石。含铁矿物亦已变成铁氧。磷灰石为量不多,为岩中惟一之鲜洁矿物也。石基为长石与石英所成。石英为量甚富,无完善之结晶体，一部份当为次生矿物。

（二）小丹阳朱高村　岩石 No.IV，15　薄片 No.174

安山凝灰岩（Andesite tuff）

岩石为紫色，含长石碎块。岩中有石英脉。

在显微镜下，长石碎块大小不一，已风化成高岭土，含铁矿物已变成铁质，磁铁矿甚多，散布在石基之内。石基为长石碎块与高岭土所成，为铁质所染，致成红色，岩体中有石英脉一，其结晶中细而边粗。

（三）小丹阳宝塔山　岩石 No.IV，1a，b　薄片 No.140

安山凝灰岩（Andesite tuff）

岩石全体为绿色，长石为灰白色，无完善之晶形，都是碎块状。

在显微镜下，长石碎块，多数为中性斜长石，已风化成高岭土与绿泥石，碎块大小不一，角闪石为量极微，亦已变化成绿泥石，石基为潜晶质，内含大小长石碎块甚多，绿泥石则到处可见，致使岩石成为绿色，磁铁矿为量不多，已变成白钛铁石。此外尚有黄色之铁，似从铁镁矿物变化而来。

（四）小丹阳长冈西（桃高西五里）　岩石 No.IV，2　薄片 No.137

石英安山岩（Dacite）

岩石带绿色，已风化，长石之晶体尚可辨识。

在显微镜下，斑晶为长石、角闪石及石英，有流纹状组织。长石有正长石与斜长石两种，均风化成高岭土。角闪石已变成绿泥石并有磁铁矿之分出，只有少数晶体，尚保持原来之性质。石英已碎裂。石基为微细之长条长石所成,向同一方向而排列,以成流纹状组织。石基中绿泥石甚多,致使岩石成绿色。磁铁矿与磷灰石为此岩石之副矿物。

(五)小丹阳桃高村　岩石 No.IV,16　薄片 No.136

火山角砾岩( Volcanic breccia )

岩石大体为紫色,内含长石碎块与岩石碎块甚多。岩石全体,风化甚深。

在显微镜下,此火山角砾岩之情形如下:

(a)岩石碎块:此种岩石碎块,为前之岩石中所未见,有斑状组织,斑晶为长石,风化甚深,已完全变成高岭石,其原来性质,已不存在。磁铁矿成小粒状,散布在石基之中,石基为结晶微细之长石与石英所成。

(b)角砾岩本身为一种斑状组织之岩石,晶体有长石与铁镁矿物二种,均已风化甚深,长石已变成高岭土。铁镁矿物现所见者,只为磁铁矿之小点。石基为长石所成,风化亦深。

(六)小丹阳龙骨东　岩石 No.III,26　薄片 No.175

安山岩( Andesite )

岩石为斑状组织,长石为灰白色,风化部份为红灰色,石基为黑色。

在显微镜下,斑晶为中性斜长石,已风化成高岭土与绢云母,亦有风化成方解石者。磁铁矿成粒状,为量尚不甚多。磷灰石偶一见之。石基为细长之长石所成,中夹磁铁矿小点,显流纹状组织。

(七)小丹阳龙骨　岩石 No.III,25　薄片 No.176

安山岩(Andesite)

岩石带红灰色,长石之晶体甚大,铁镁矿物亦有。

在显微镜下,长石风化甚深,已变成方解石,并有石英之分出。含铁矿物,均变化甚深,已不能鉴定其原来之矿物,现在所见者,只为磁铁矿之小点而已。石英以次生者为多。磷灰石为量极微。石基为长石与磁铁矿之小点所成。长石亦风化甚深,模糊不可辨。

(八)小丹阳黄谷山南　岩石 No.III,24b　薄片 No.177

安山凝灰石(Andesite Tuff)

岩石为斑状组织,肉红色之长石晶体甚大。石基为淡红色,中有长石小点。

在显微镜下,斑晶为长石与铁镁矿物。长石已变成高岭土与绢云母,其中有为碎块状。铁镁矿物已完全变成铁质,分布在矿物之四周,或遮盖其全体,光学上之性质,已早失去,惟其结晶形状似为角闪石。磁铁矿或为大块或为小点,量颇丰富。磷灰石不多,偶一见之。石基为长石与少许之石英所成,长石都碎块状且已风化。

(九)小丹阳天马山由下往上之次序如下:

1. 安山角砾岩(Andesite Breccia)　岩石 No.III,4　薄片 No.165

岩石为紫红色,灰白色之长石,用肉眼得以见之。铁镁矿物为深红色,散布在岩体之中。此外尚有火成岩与页岩之碎块。

在显微镜下,斜长石风化甚深,已变成绢云母。铁镁矿物形似角闪石,已变化成磁铁矿与赤铁矿。磁铁矿为量甚多。此外尚有红色之铁液,或流入于矿物之裂缝中,或环绕其四周。石基为长石所成,中杂石英少许,其中之长石亦已变成绢云母等矿物。

2. 安山岩(Andesite) 岩石 No.III, 5 薄片 No.166

岩石之色与形状与 1 相联,惟碎块较少。在显微镜下,长石风化为高岭石而非绢云母也。

3. 安山角砾岩(Andesite Breccia) 岩石 No. 薄片 No.167

岩石为红色,已风化,长石为泥土状。岩石中含有火成岩之碎块。

在显微镜下,长石风化甚深,已变成高岭土与绢云母,铁镁矿物均风化成磁铁矿与赤铁矿。此外尚有红色之铁液流入于长石之裂缝中。石基为长石(已风化)、石英、磁铁矿及绿泥石所成。

此岩石所包含之碎块,在显微镜下,亦为安山岩。斜长石与铁镁矿物之风化情形与前同。石基为细粒之长石、石英及磁铁矿所成。

4. 安山角砾岩(andesite) 岩石 No.III, 7 薄片 No.168

岩石为紫黑色,内含长石碎块甚多。

在显微镜下,长石与铁镁矿物之风化情形,与前相彷。岩内之碎块为安山岩。

5. 安山角砾岩(Andesite Breccia) 岩石 No.III, 8 薄片 No.169

岩石带红紫色,灰白色之长石甚显,并有火成岩之碎块。

在显微镜下,长石风化甚深,已成为绢云母。铁镁矿物现已成为铁质。石基为黄色,模糊不清。内中碎块有安山岩,与安山凝灰岩等,其风化情形与前同。

6. 安山岩(Andesite) 岩石 No.III,9 薄片 No.170

岩石为紫红色,灰白色之长石,尚易识别。

在显微镜下,斑晶为长石与铁镁矿物二种。长石已风化成高岭土与绢云母。铁镁矿物已变成铁质。此外尚有磁铁矿与铁液。磁铁矿成粒状,铁液常绕晶体之四周。石基中有长石及磁铁矿之小点。长石风化甚深,其晶体之形状,已模糊不可辨。此外尚有玻璃质亦在石基中见之。

（十）小丹阳西北,大岘村东北 岩石 No.III,10 薄片 No.173

石英安山岩(Dacite)

岩石为黄灰色,风化甚深,长石用肉眼得以识别。铁镁矿物带绿色,成长条形。

在显微镜下,长石风化甚深,已变成高岭土与绢云母。铁镁矿物,已变成绿泥石,其原来之矿物,已不能鉴定。磁铁矿甚多,大小不一,此外尚有磷灰石数粒。石基为长石与石英所成,石英为量尚丰,其中一部份为次生所成。

三、前石塘与后石塘及其附近

（一）纳头庵南首 岩石 No.IV,17 薄片 No.104

安山岩(Andesite)

岩石为灰白色,已风化,磁铁矿甚多,风化后成为红色之铁氧,散布在岩体中。

在显微镜下,长石甚多,已风化成高岭土与绢云母,显带状构造,惟不甚明晰,磁铁矿甚多,但无完善之结晶体。铁镁矿物为量甚少,已风化,其面有铁矿之小点,光学上之性质,已早失去,矿物之名称已不克鉴定。石基为长石所成,已风化成绢云母,只极少部份能结成微细之晶体。石英成小粒状,一部份为原生,一部份为次生。

（二）后石塘相近　岩石 No.IV，28　薄片 No.96

安山岩（Andesite）

岩石为斑状组织,斑晶为肉红色之长石,散布在绿色之石基内。

在显微镜下,长石为斜长石,为该岩石之主要斑晶,已风化成高岭土与绢云母,铁镁矿物虽有,但已失其光学上之性质,现已变成绿泥石矣。磁铁矿无完善之结晶体,大都从含铁矿物变化而来。石基为结晶微小之长石所成,并有多量之绿泥石与磁铁矿。斑状组织甚显著。

（三）后石塘相近　岩石 No.IV，28　薄片 No.112

安山岩（Andesite）

岩石有斑状组织,长石为肉红色,甚显著,斑晶之大者约三公厘。石基为绿色,结晶甚细,其中矿物,非肉眼所能辨。

在显微镜下,斜长石甚多,已风化成高岭土与绢云母,铁镁矿物已完全变成绿泥石,其原来之性质,已不存在。磁铁矿甚多,大小不一,散布在岩体之中。石基为结晶微细之斜长石所成,内含绿泥石、磁铁矿与高岭土,三者之中以绿泥石为最多,致使岩石成绿色。

（四）前石塘与后石塘之间　岩石 No.IV，31　薄片 No.107

安山角砾岩（Andesite breccia）

岩石为绿色,有长石及岩石之碎块,已风化。

在显微镜下,斜长石为该岩石之主要矿物,结晶体甚大,多碎块状。磁铁矿无完善之结晶体,或为黑色之小点,散布在石基中,或见之于长石之解理中,当为后来所注入甚明。尚有一种矿物,作长方形,或放射状,有多色性,是为电气石。石基为长石所成,已风化成绢云母与高岭土,并有石英少许。

（五）查塘西南二里许　岩石 No.IV，35　薄片 No.97

安山岩（Andesite）

岩石为紫色,白色之长石结晶体,颇易识别。

在显微镜下,斑晶以斜长石为多,有带状构造,但不甚显明,风化甚深,已变成高岭土、绢云母及绿泥石等。磷灰石成圆粒状。磁铁矿甚多,大小不一,或包含在长石之中,或环绕其他矿物之四周。此外尚有赤铁矿,为量甚寡。石基为长石、绿泥石及磁铁矿所成,长石风化甚深,并略显流纹状组织。

（六）东夏家村东首山上（前石塘）　岩石 No.IV，22　薄片 No.116

石英安山岩（Dacite）

岩石之色不匀,有数处为白色,有数处为暗红色,已风化,长石成白色之点。

在显微镜下,岩石风化甚深,已变成高岭土与绢云母。

长石晶体,已模糊不可辨,与石基不易分清。赤铁矿与磁铁矿成小点。石基中有石英可见,惟为量不多,其中一部份为次生所成。

(七)鸢子山后石塘北,查塘西南　岩石 No.IV, 32　薄片 No.230

安山玢岩( Andesite porphyrite )

岩石为绿色,质坚硬,外观似辉绿岩,长石成白色小结晶体。铁镁矿物为深绿色,结晶之大小,与长石相仿。

在显微镜下,斑晶为长石与铁镁矿物。长石都碎裂,其中有已成碎块者,风化甚深,已变成绿泥石与绢云母,铁镁矿物已完全变成绿泥石,有时有磁铁矿之分出,以成黑色之点,其原来性质已不存在,磁铁矿为量尚不少,有已变成白钛铁矿者。磷灰石成粒状,为量不如磁铁矿之多,石基中有长石、磁铁矿、高岭土及绿泥石等,长石已风化,有数处并行排列,略显流纹状,石基中有少量之石英与方解石。

(八)鸢子山东坡岩石　No.IV, 34　薄片 No.231

安山玢岩( Andesite porphyrite )

岩石为紫黑色,有显著之斑状组织,斑晶为灰白色之长石,大自二至四公厘,铁镁矿物为灰绿色,晶体不如长石之大。

在显微镜下,长石为中性斜长石,有带状构造,已风化成高岭土与绿泥石,绿泥石之排列或沿解理面或沿双晶线,长石中有成碎块状者,铁镁矿物已变成绿泥石,其四周为磁铁矿所环绕,以其形状观,似为角闪石。黑云母成极小之片,为量极微。磁铁矿大小不一,有为原生者,有为次生者。石基为长石质,晶体甚细,有成碎块状,已风化成高岭土。石英为量不多。绿泥石常沿斑晶之四周而环绕。

(九)鸢子山顶中腰岩石　No.IV，33　薄片 No.232

安山玢岩( Andesite porphyrite )

岩石为淡绿色,质密致,灰白色之长石与绿色之铁镁矿物颇易识别。晶体均不大,约一至二公厘,斑状组织不明显。

在显微镜下,斑晶为斜长石与铁镁矿物。长石已风化成高岭土,有成碎块状。铁镁矿物亦已变成绿泥石。磁铁矿为四方形,散布在岩石中。磷灰石为细粒状。石基为长石质,结晶甚细,中有绿泥石与磁铁矿之小点甚多。

(十)后石塘　岩石 No.IV，23　薄片 No.233

安山岩( Andesite )

岩石为紫黑色,有斑状组织,斑晶以长石为多,大自一至二公厘,铁镁矿物甚少,非肉眼所能察。

在显微镜下,斑晶全为斜长石,有为碎块状者,在解理处已风化成方解石。磁铁矿为不规则之块状,有时侵入于斜长石之解理中,当为后来所成,甚为显明。磷灰石为粒状,为量极微。石基为潜晶长石质,中有高岭土,致呈不洁之状。

(十一)夜合山由顶往北　岩石 No.IV，20a　薄片 No.151

安山玢岩( Andesite porphyrite )

岩石为灰白色,中粒状组织,长石之结晶体甚显明。黄铁矿甚多,散布在岩石之中。

在显微镜下此岩石为斑状组织,斑晶为中性斜长石,有成碎块状,风化甚深,已变成高岭土与绢云母,有带状构造,惟不甚显明。黄铁矿甚多,无完善之结晶形,似为后来生成。石基为长石质,并有少许之石英。长石均风化成高岭土。

(十二)夜合山东小山　岩石.No.IV, 21　薄片 No.172

安山玢岩( Andesite porphyrite )

岩石为黄绿色,已风化,长石之斑晶尚易别识,铁镁矿物为绿色。此岩石之外形,颇似侵入岩。

在显微镜下,此岩石所含之矿物以斜长石为主,均风化成高岭土与绿帘石。含铁矿物甚少,均变成铁质或绿泥石。此外尚有少许之磁铁矿与磷灰石。石基为量甚少,只在斑晶之中间有之,显流纹状组织,其中矿物为微细之斜长石。

# 第二章　花岗闪长岩性侵入岩系

此系岩石在大江一带甚普遍,常认为与沿江一带之铁矿有密切之关系。在调查境内,此种岩石之出露,亦有数处,其中以凤凰山一带所见者稍大。在野外所见岩体之状态,有为小侵入岩体,有为侵入岩片与岩盘等。岩石性质有花岗闪长岩、正长岩、角闪石闪长岩、正长斑岩与二长斑岩等。岩石组织有粒状与斑状等。

此系侵入岩上升之时期,在凤凰山,与侏罗纪之砂岩相接触,在钟山北坡,侵入于三叠纪之黄马页岩内,则其侵入时期,当后于三叠、侏罗二纪可知。在吉山吉山庵附近之正长斑岩含有建德系喷出岩之碎块。又据叶、喻二先生在下蜀雾岐山南之大馒头墩及高资长山南麓,皆见此种岩石,侵入于建德系凝灰岩内。建德系为下白垩纪,已言之于前,故其上升之时期,当为中白垩纪或上白垩纪也。

## 第一节　南京市区之花岗闪长岩性侵入岩系

### 甲、岩石概言

此系岩石在本区内之分布不广,天堡城近顶处与钟山北坡之黄马村附近见之。在天堡城近顶处成小侵入体,在钟山北坡成侵入岩片,与之接触之岩石为三叠纪之页岩。二处岩石均风化甚深,有已变成土壤者。其种类有花岗闪长岩与二长斑岩等。

### 乙、岩石类别

一、钟山及其附近

(一)天堡城近顶处　岩石 No.I,7　薄片 No.277,278,279

花岗闪长岩(Grano-diorite)

岩石风化甚深,有中粒状组织,带黄色,长石有二种:(一)正长石,(二)斜长石,铁镁矿物已风化,非肉眼所能鉴定。

在显微镜下,此岩石含有下之各种矿物,长石风化已深。有钠斜长石双晶,绿帘石常沿长石之解理而生长,高岭土与绢云母均由长石风化而来。铁镁矿物已变成绿泥石,其原来之性质,已不存在。黑云母为量不多,成微细之鳞片状,磷灰石与磁铁矿二者均有。

（二）钟山北坡黄马村　岩石 No.I，11a，11b，11c　薄片 No.275，276

二长斑岩（Monzonite porphyry）

岩石风化极深，带黄色，岩石全体作鳞片状，长石为主要矿物并杂有黑色之铁镁矿物。黑云母用肉眼得以见之。

在显微镜下，岩石显斑状组织，斑晶为长石与黑云母两种。石基为细粒之长石所成，其面为绢云母所覆盖，黑云母已变成绿泥石，磁铁矿为正方形，常在黑云母之中心部份，并含有钠钙斜长石。

## 第二节　江宁县东北区之花岗闪长岩性侵入岩系

### 甲、岩石概言

此系岩石出露于汤山北坡，赤燕山南，孟塘及老风流村金牛坑等处。岩石为斑状组织，长石晶体甚大，成为斑晶，石基为暗绿色。此岩石上升之后，又为后来之岩浆所冲击而包含其碎块，如在甘家山与赤燕山南马路旁所见者是也。与之接触之岩石，为高家边系之砂岩与页岩等。在金牛坑有柘榴子石与绿帘石等之变质矿物。

### 乙、岩石类别

一、汤山及其附近

（一）汤山北坡　岩石 No.II，17　薄片 No.272

玢岩（Porphyrite）

岩石为淡黄色，有显著之斑状组织，斑晶为灰白色之长石，晶体甚大。

在显微镜下,长石风化甚深,完全变成绢云母,并有石英之分出。石英已碎裂。黑云母为淡绿色,在解理处有黄色之铁质。副矿物有磷灰石与磁铁矿,其中之磁铁矿有已变成白钛铁矿。石基为长石质,内有高岭土甚多,呈模糊不清之状。

（二）汤山正西　　岩石 No.II，21　　薄片 No.219

玢岩（Porphyrite）

与岩石 No.　薄片 No.272 相似。　　　、

（三）汤山北坡东端　　岩石 No.II，18　　薄片 No.218

玢岩（Porphyrite）

岩石已风化,模糊不清,细察之,长石之晶体尚可辨识。色灰白,并有黄色之点。

在显微镜下,岩石有斑状组织,斑状为长石与黑云母,而前者之量较后者为多。长石已风化成绢云母。黑云母亦已变化,在解理处有磁铁矿之小点。磷灰石为副矿物,常包含在黑云母中。石基为长石所成,中夹石英少许。

（四）汤山南坡　　岩石 No.II，16　　薄片 No.269

花岗闪长玢岩（Grano-diorite porphyrite）

岩石为灰白色,长石有肉红色与灰白色两种。铁镁矿物甚少,现已风化成红色之点。

在显微镜下,斑晶有长石与斜长石两种,均已风化成高岭土。石英为量不多,有融象。石基为结晶甚微细之长石与石英所混合而成,内中之长石已风化成高岭土与绢云母。.

（五）汤山东北,老风流村西　　岩石 No.II，31　　薄片 No.270，301

玢岩( Porphyrite )

与岩石 No. 薄片 No.269 相似。

（六）汤山至孟塘路上　岩石 No.II，24　薄片 No.220

玢岩( Porphyrite )

岩石带绿色，有泥土状，斑状组织甚显著。长石为肉红色，大者达三四公厘，铁镁矿物亦有，惟晶体不如长石之多且大，因风化掉落而留有空隙。石基为污绿色，内中晶体甚细，非肉眼所能察。

在显微镜下，斑晶有正长石与斜长石两种，已风化成高岭土。斜长石有带状构造，铁镁矿物为量不多，或已变成绿泥石，或已掉落，其原来之性质已不克鉴定。磁铁矿成粒状，散布在石基中。此外尚有磷灰石，惟为量不多。石基为微细长条形之长石所成，有流纹状组织，常环绕斑晶之四周，色绿，因含有绿泥石也。裂缝处，有铁液之充填。

（七）孟塘南，汤山北　岩石 No.II，23　薄片 No.129

玢岩( Porphyrite )

岩石有显著之斑状组织，长石之晶体，大者达五公厘。黑绿色之角闪石亦成斑晶，为量不如长石之多，其解理面不用扩大镜亦能见之。石基为暗绿色，结晶甚细，非肉眼所能察。

在显微镜下，斑晶为斜长石与角闪石两种。斜长石已风化，但不甚深，其次生矿物有高岭土与绢云母。角闪石亦已风化，其四周有磁铁矿之小点。副矿物有磷灰石与磁铁矿等。石基为长石与石英所成，中有高岭土及磁铁矿之小点甚多。

（八）赤燕山南，汤山北岩石　No.II，29a　薄片 No.300

玢岩(Porphyrite)

此岩石与岩石 No.　薄片 No.129 相似。

(九)安基山南汤水北　岩石 No.II，27　薄片 No.161

玢岩(Porphyrite)

岩石为红灰色，有斑状组织。斑晶为长石，结晶体甚大，色淡红。

在显微镜下，长石以斜长石为多，已风化成高岭土与绢云母，在裂缝中有铁液之流入。正长石甚少。石英为量不多，夹杂于石基中，无完整之晶形。角闪石为黄色，结晶形状不整齐，有已风化成绿泥石者。磁铁矿大都为黑色之小点，散布在石基中，有完全结晶形状者甚少。磷灰石与锆石英偶一见之。石基为微细线条形之长石所成，往往环绕斑晶而排列，其间杂有绿泥石、高岭土、磁铁矿及红色之铁氧甚多。

## 第三节　江宁县中区之花岗闪长岩性侵入岩系

### 甲、岩石概言

此区侵入岩之露头，分布于东善桥吉山之西北坡与秣陵关之凤凰山与小张山等处，凤凰山之侵入岩为一种小岩盘，与之接触之岩石为侏罗纪之砂岩与页岩。此等水成岩之倾向有环绕侵入岩而变迁之势，如在凤凰山者倾向西北，在癫痫山与扁担山者倾向西南是也。岩石性质为闪长岩，色绿，已风化。

吉山之侵入岩出露于该山之西北坡上。岩石性质为正长岩，内含磁铁矿与方解石之晶体，而磁铁矿为量尤多。在吉山庵附近之山坡上,磁铁矿之晶体,几遍地皆是。磁铁矿亦有成长条之脉形分布在吉山南坡之岩石中。此系岩石中有喷出岩之碎块及花岗岩之侵入体,其上部与侏罗纪之砂岩相接触。

**乙、岩石类别**

一、东善桥及其附近

(一)东善桥吉山西北坡　岩石 No.III,57b,薄片 No.13,14

正长斑岩(Syenite porphyry)

岩石大体为肉红色,有斑状组织。长石之结晶体甚大。磁铁矿甚多,其晶体为八面体,有时成脉形。绿帘石为针状,与石英相共生。

在显微镜下,长石风化甚深,已变成高岭土、绢云母及方解石等。长石之双晶,均模糊不可辨。石基为长石质,风化亦深。磁铁矿为后来所生成,常包围长石之晶体,有时沿长石之边而排列。绿帘石有二种,一从长石变化而来,一为后来所生成。后来生成之绿帘石常与石英相共生。磷灰石晶体不大,为量甚多。

(二)东善桥吉山西北坡　岩石 No.III,57a　薄片 No.11,12

正长斑晶(Syenite porphyry)

岩石已风化,长石为肉红色,颇易识别。磁铁矿成黑色之四方形。此外尚有绿色矿物,无完整之结晶体。

在显微镜下,长石风化甚深,已变成高岭土及绿帘石。矿物颗粒不清,致岩石全体呈模糊之象。长石之双晶线亦因风化太深而不明晰。磷灰石与磁铁矿,均为微细之晶体,为量甚多。此外尚有少许之绿泥石。石基为长石质,已风化成高岭土。

二、秣陵关及其附近

(一)秣陵关小张山大路旁　岩石 No.111,90　薄片 No.1.2

石英闪长岩( Quartz diorite )

岩石为灰绿色,已风化,质松易碎。长石为灰白色,尚易识别。铁镁矿物为绿色,其名称非肉眼所能鉴定。

在显微镜下,长石有正长石与斜长石两种,而以斜长石为多,均已风化成高岭土与绢云母。斜长石有带状构造,属中性斜长石。铁镁矿物为量不多,已风化成绿泥石,以矿物之形状言似为黑云母。长石之靠近铁镁矿物者,往往染有黄色。石英为非自形,常在矿物之空隙间见之。磁铁矿与磷灰石为量甚多。

## 第四节　江宁县南区之花岗闪长岩性侵入岩系

### 甲、岩石概言

此系岩石在南区分布之地点,以陶吴至小丹阳之大路以东为多,如铜山、独山、胡家店、朱家山、獾子洞、西山、杨山等处,皆有其露头。大路以西则露头甚少,且均不相连续,只在路侧及低处见之。岩石性质有闪长岩、石英、角闪石、闪长岩等,被侵入之岩石为侏罗纪之砂岩。

### 乙、岩石类岩

#### 一、横溪桥及其附近

（一）横溪桥南荷叶山北　岩石 No.IV，55　薄片 No.183

二长斑岩（Monzonite porphyry）

岩石为灰红色，有斑状组织。长石有两种，一灰白色，一肉红色。此外尚有绿色矿物，石基之量不多。

在显微镜下，长石有正长石与斜长石二种，均风化成高岭土、绢云母与绿帘石。铁镁矿物成长条形，似为黑云母。又绿帘石成长方形，为量尚多。磁铁矿、磷灰石亦有，石基为量不多，为微细之斜长石及高岭土所成。

#### 二、小丹阳及其附近

（一）小丹阳胡家店北　岩石 No.IV，59　薄片 No.134

石英角闪石闪长岩（Quartz–hornblende diorite）

岩石为黄色，中粒状组织。长石与角闪石之晶体甚显著。

在显微镜下，此岩石之主要晶体，为斜长石、角闪石及石英三种。斜长石为中性斜长石，有带状构造，已风化成高岭土。角闪石为黄绿色，有多色性，有数处已变成绿泥石。阳起石亦有，惟为量不多。石英为非自形，充填在各矿物之间，此外并有少许之正长石。副矿物有磁铁矿、磷灰石及钛铁矿，其中以磁铁矿为最多。次生矿物有绿帘石。

（二）谢村东南铜山南侧　岩石 No.IV，616　薄片 No.133

闪长岩（Diorite）

岩石带黄色，为中粒状组织。长石之结晶体尚显明，并杂有绿色之铁镁矿物。

在显微镜下,此岩石所含之矿物,以斜长石为主,已风化成高岭土与绿帘石,并有石英之分出。角闪石之晶体甚少,已变成绿泥石。副矿物有磁铁矿与磷灰石,而以磁铁矿为多。有斑状组织,惟不甚显著。

（三）谢村铜山南脚　岩石 No.IV，61a　薄片 No.135

闪长石（Eiorite）

岩石带绿色,为中粒状组织,长石与角闪石之晶体,用扩大镜可以见之。

在显微镜下,此岩石含中性斜长石甚多,有带状构造,已风化成高岭土与绢云母,亦有变成绿泥石者。角闪石与辉石为量均不多。绿泥石常在其他矿物颗粒之间。石英常充填在空隙之内。磁铁矿与磷灰石为副矿物,而以磁铁矿为多。有斑状组织,但不显明。

# 第三章　辉长岩性侵入岩系

此系岩石在调查境内所见不多,分布地点,约有下之各处,钟山后面之蒋庙,中华门外之大定坊及陶吴镇之三里塘。在野外所见之岩体,或为岩堵,或为小侵入岩体。盘石有辉长岩、辉绿岩及煌斑岩等,亦有因分异作用渐变为闪长岩,如蒋庙樱桃园所见者是也。

此系岩石与他种侵入岩之先后关系,可得而言者如下:

蒋庙之辉长岩有花岗岩之侵入,在天堡城所见角闪石、煌斑岩岩堵侵入于三叠纪之变质岩中。又据叶、喻二先生在高资五洲山所见,有基性侵入岩如煌斑岩一类之岩石,大都高起如墙,冲出于花岗闪长斑岩及栖霞石灰岩内,由是言之,此类岩石涌起之时期,当较天堡城三叠纪页岩与花岗闪长岩为后,而比花岗岩为新。其时期为白垩纪之末,或第三纪之初。

## 第一节　南京市区之辉长岩性侵入岩系

**甲、岩石概言**

此系岩石在本区内所见者有蒋庙及天堡城等处,在蒋庙者成小侵入岩体,以橄榄辉长岩为中心,逐渐向四围变异而成为闪长岩,分异作用甚为显著,叶、喻二先生已有详细研究,兹不多述,在天堡城者成岩墙,宽约四尺,侵入于三叠纪之页岩中,页岩受其影响而生变质,并有绿帘石之生成。岩堵成绿色,已风化。

**乙、岩石类别**

一、钟山及其附近

(一)钟山后蒋庙　岩石 No.I,5　薄片 No.192

辉长岩(Gabbro)

岩石近乎黑色,为中粒状组织。辉石甚多,解理甚显著,长石为白色之点,黄铁矿用扩大镜可以见之。

在显微镜下长石为钙钠斜长石,有 Albite 与 Pericline 双晶,辉石为淡绿色,其边部已变成角闪石,由角闪石再变为绿泥石,并有磁铁矿之分出,橄榄石成小粒,包含在辉石之中。磁铁矿与磷灰石甚多,为此岩石之副矿物。

（二）地点同上　岩石 No.I，8　薄片 No.191

辉石闪长岩（Augite diorite）

岩石大致为灰色,有中粒状组织。内含角闪石与长石甚多,辉石亦有,其解理面用扩大镜得以见之。

在显微镜下,长石为中性斜长石,有数处已风化成高岭土与绢云母。辉石为淡绿色,有一部份已变成棕黄色之角闪石,副矿物有磁铁矿与磷灰石。

（三）钟山天堡城　岩石 No.I，4　薄片 No.280，281，282

角闪石煌斑岩（Hornblende lamprophyre）

岩石为绿色,风化甚深,质松软。长石为白色,有泥土状。黑云母用扩大镜可以见之。角闪石晶体甚大,为绿色。

在显微镜下,此岩石有长石角闪石及黑云母等。长石已失其光学上之性质,变成绢云母与高岭土,且有次生石英之分出。斜长石之晶体为细长之长方形,有双晶可见,角闪石之晶体尚大,为绿色,有多色性,黑云母则已变成淡黄色。磷灰石与磁铁矿,为该岩石之副矿物。

## 第二节　江宁县中区辉长岩性侵入岩系

### 甲、岩石概论

此系岩石在江宁县中区出露者甚少,仅在大定坊南马路旁见之,大定坊属江宁县,离中华门约十余里,有京建汽车路可通。岩体成岩堵,色绿,已风化,上部为浮土所盖。

### 乙、岩石类别

（一）大定坊南马路旁　岩石 No.III，95　薄片 No.51

辉石辉绿岩（Augite diabase）

岩石色黑绿，质坚硬，辉石之结晶体尚显著，用肉眼得以见之。斜长石成微细之长条形。

在显微镜下，岩石之斑晶为辉石，色黄绿，有（101）而之双晶，斜长石亦为斑晶，有 Albite 双晶。橄榄石亦有，石基为细粒之橄榄石，小长条形之斜长石及小黑点之磁铁矿所成。其中细粒之橄榄石常沿辉石或斜长石之晶体而环绕。

## 第三节　江宁县南区辉长岩性侵入岩系

**甲、岩石概言**

此系岩石在南区分布不广，只在三里塘一带见之。

**乙、岩石类别**

一、陶吴及其附近

（一）陶吴镇南三里塘　岩石 No.III，44　薄片 No.179

辉绿岩（Diabase）

岩石为灰色，矿物结晶体甚细，肉眼不易分别，所见者仅为白色与红色之小点而已。

在显微镜下，此岩石显辉绿岩组织，矿物有斜长石、辉石及橄榄石。橄榄石已变化成红色，此外尚有绿泥石及磁铁矿两种。

## 第四章　花岗岩性侵入岩系

此系岩石在调查境内，分布地点有麒麟门，东善桥之吉山、冯村、铜井镇之石山等处,其中以麒麟门所见之岩体为最大。山均不高,约自数十公尺至百余公尺。岩体上部已风化,矿物以长石为主,铁镁矿物甚少,石英或多或少,并无一定,即在同一区域内,其量亦多寡不一,如麒麟门一带所见者是也。此系岩有之组织,有粒状与斑状等。

　　此系岩石侵入之时期,兹以野外所见及参考他人所调查者,有下之各种情形足以推定:(一)在麒麟门马路之南,花岗岩中包含黄马页岩之顶垂物(Roof pendant);(二)麒麟门林山下高峰之岩石标本 No.29,包含建德系之岩块;(三)吉山西坡建德系喷出岩中有花岗岩之侵入。凡此三者皆足以证明花岗岩之涌起在黄马页岩与建德系喷出岩之后,叶、喻二先生在镇江象山临江边及下蜀铁路北云山寺麓,皆有此种花岗岩侵入于花岗闪长岩之内。又在钟山北麓,蒋庙亦有正长斑岩及长英斑岩侵入于辉长岩之内,成小侵入体或岩堵。综观以上情形,此花岗岩侵入岩类,当为侵入岩中之最后一期,其时代,叶、喻二先生定为第三纪之中叶。

　　在调查境内,此系岩石在江宁县之南区,未见其露头,兹将南京市区及江宁县之中区,述之如下:

## 第一节　南京市区之花岗岩性侵入岩系

### 甲、岩石概言

　　此系岩石在本区内出现者,有太平门外之墙脚处与钟山北蒋庙等处。在太平门者为小侵入体,与之接触之岩石为侏罗纪之砂岩。在蒋庙者侵入于辉长岩内。二处之岩石均已风化,色灰白。

**乙、岩石类别**

一、钟山及其附近

（一）太平门外　岩石 No.II，23　薄片 No.283，284，285，286

正长斑岩（Weathered porphyry）

岩石为黄色,已风化,质松软,灰白色之长石晶体,甚显著,颇易识别。

在显微镜下,岩石有斑状组织。长石与黑云母为斑晶,长石风化极深,其光学上之性质已完全失去。黑云母已变成淡绿,无多色性,惟尚能保持其原来之干涉色,黄色之铁氧在岩石中甚多。石基为长石与石英所成,长石与石英成细粒状,长石亦已风化成高岭土。

（二）钟山北坡蒋庙　岩石 No.　薄片 No.287，288，289

正长斑岩（Weathered porphyry）

岩石为中粒状组织,带红色。主要矿物为长石,并杂有铁镁矿物如云母等。各矿物之排列,显并行状,似已曾受压力也者。

在显微镜下,长石为主要矿物,风化甚深,其面为绢云母与次生石英所盖。结晶体之形状已模糊不清,在交叉聂氏镜下显 Albite 双晶,则斜长石之有存在,当可无疑。黑云母已变成淡绿色,无多色性,惟其形状及干涉色则尚未消灭,铁镁矿物如角闪石与辉石等,或有存在,惟因风化太深,致无从鉴定。

## 第二节　江宁县东北区之花岗岩性侵入岩系

**甲、岩石概言**

在本区内此系岩石(花岗岩)于麒麟门见之。麒麟门在中山门外约二十里,有江南汽车可以直达,马路即经过其露头。谈处山之高者曰乱石岗,高约一〇一公尺。岩石为白色,已风化。矿物以长石为主,铁镁矿物除林山产者稍含外,余均甚少。石英在马路之南则甚丰富,晶体亦大,用肉眼得以得见之。岩石性质由花岗岩而变为石英斑岩,组织亦由粒状而为斑状。马路以北石英渐少,或竟至于无。岩石由花岗岩而变为正长岩。其中逐渐变迁至为明显,当由岩浆起分异作用所成。与之接触之岩,有三叠纪之青龙石灰岩及其上之石灰角砾岩,略显变质。

**乙、岩石类别**

一、麒麟门及其附近

(一)麒麟门林山下高峰　岩石 No.114　薄片 No.217

花岗岩(Granite)

岩石为灰白色而稍带肉红。长石有二种:(一)正长石,色肉红;(二)斜长石,色灰白。二者之量,正长石较斜长石为多。铁镁矿物甚少,几无所见,现所遗留者,有黄色之空隙。岩石中包含建德系之岩块。

在显微镜下,长石已风化成绢云母与高岭土。石英为量不多。黑云母尚有少许之遗迹,惟色均淡,多色性不强。磁铁矿与磷灰石,量均不多,为该岩石之副矿物。

（二）麒麟门林山　　岩石 No.116　　薄片 No.216

斑状正长岩（Porphyritic syenite）

岩石为中粒状组织，有二种长石：（一）肉红色；（二）灰白色。前者为正长石，后者为斜长石。斜长石之结晶体，有时较正长石为大。绿色矿物为角闪石，晶体较长石为小。岩石中红白绿三色矿物，相夹而生，颇形美观。

显微镜下两种长石均风化成高岭土与绢云母。正长石之风化程度稍深。钾微斜长石亦有，为量不多，只一二块而已。角闪石为绿色，有多色性，晶体为柱状形，但两端均不整齐。榍石、锆石英、磷灰石均为副矿物，其中以榍石为最多。

此岩石之斑晶，如长石与角闪石等，其四边常不整齐，与石基中之晶体常错杂而生，此种情形以角闪石最为显著。故斑晶与石基结晶时间，相隔必不甚远，或只稍有差次而已。

（三）麒麟门马路旁南小山　　岩石 No.113　　薄片 No.46

斑状花岗岩（Porphyritic Granite）

岩石为灰白色。石英之结晶体甚显著。长石已风化，略带蓝色，蕴藏在肉红色之石基中。黄色之氧化铁为量甚多。

显微镜下，长石风化已深，石英显蚀像，成圆形。石基为细粒之石英与长石所成。磁铁矿成微细之粒状。

（四）麒麟门北小山与石灰岩接触处　　岩石 No.II，5　　薄片 No.47

斑状花岗岩（Porphyritic Granite）

岩石为淡肉红色。内含矿物以正长石与斜长石为主，前者为肉红色，后者为黄白色，在空隙处有黄色之氧化铁。石英为量不多。

在显微镜下，正长石与斜长石，均风化甚深，而变为高岭土与绢云母，石英晶粒甚小，常填置在长石之间，成非自形体（hypidiomorphic）。磁铁矿之晶体甚大。此外尚有磷灰石、赤铁矿与锆石英等，为量均不多。

（五）下麒麟门马路旁　岩石 No.II，8　薄片 No.48

石英斑岩（Quartz porphyry）

岩石为淡肉红色。石英之晶体甚大，有玻璃光泽。长石为黄白色，显泥土状。

显微镜下，岩石有斑状组织，斑晶为正长石、斜长石与石英。长石风化甚深，其面为高岭土与绢云母所盖。石英晶体甚大，面常鲜洁，内含包含体甚多，略显蚀像。铁镁矿物，除磁铁矿外，余无所见。石基为细粒之长石与石英所成，而内中之长石亦均变为高岭土与绢云母。

（六）麒麟门马路北侧　岩石 No.II，13　薄片 No.49

花岗岩（Granite）

岩石为淡肉红色。长石有正长石与斜长石二种，二者均风化甚深，成泥土状。褐色之氧化铁成微小之点，散布在岩内者甚多。

显微镜下正长石与斜长石，均风化成高岭土，而正长石风化尤深。钾微斜长石为量不多，晶体亦小，显格子状构造（lattice structure）。石英为非自形（hypidiomorbhic）之粒状，为量颇丰。铁镁矿物几无所见，副矿有磷灰石、磁铁矿等。磁铁矿有已变为白钛铁石者。岩石裂隙中有铁液流入。

（七）下麒麟门林山下　岩石 No.II，1　薄片 No.50

斑状花岗岩（ Porphyritic Granite ）

岩石为淡红色。长石有正长石与斜长石两种,正长石之晶体较小。角闪石为绿色,无完善之结晶体。

显微镜下,岩石为斑状组织,斑晶有正长石、斜长石及角闪石等,长石均风化成高岭土,光学上之性质,几已失去。角闪石为绿色,结晶颇不整齐,有已变成丝帘石者。石基为结晶较小之长石与石英所成,其中之长石,风化程度不如斑晶之深。石英为量不多。副矿物有少许之磷灰石与磁铁矿。

## 第三节　江宁县中区之花岗岩性侵入岩系

**甲、岩石概言**

此系岩石在本区内分布之地点有下之各处:(一)东善桥之吉山两坡;(二)冯村;(三)铜井镇之石山。

**乙、岩石类别**

一、东善桥吉山及其附近

东善桥吉山西坡　岩石 No.III，58　薄片 No.9，10

花岗岩（ Granite ）

岩石为肉红色。含正长石甚多,惟无完善之结晶体。磁铁矿甚多,散布在岩体之中。黄铁矿亦有,为量极微。

在显微镜下正长石甚多,无完善之结晶体,相互凝聚在数处。石英亦然,斜长石甚少。磁铁矿颇丰。长石已风化成高岭土。方解石成不规则之形状,一部份由长石风化而来,一部份为后来所生成。铁镁矿物除磁铁矿外,余无所见。

二、冯村及其附近

(一)冯村相近　　岩石 No.III，25a　　薄片 No.106

斑状花岗岩(Porphyritic Granite)

岩石为肉红色。长石甚多,石英用扩大镜,可以见之。黄色之铁质,在岩石中散布甚多。

在显微镜下,长石有正长石与斜长石两种,均风化甚深,变成高岭土与绢云母,光学上之性质几已失去。石英为非自形(hypidiomorphic),其斑晶含有包含体。黄色之铁质,为量甚多。石基为长石与石英所成,长石亦已风化。组织为斑状,铁镁矿物甚少,几无所见。此处岩石之性质,与在麒麟门一带所见者相似。

(二)冯村相近　　岩石 No.III，25b　　薄片 No.115

花岗岩(Granite)

岩石为肉红色,已风化。长石之结晶体尚显著,铁镁矿物几无所见。

在显微镜下,长石风化甚深,已变成高岭土与绢云母。斜长石之双晶,因风化太深,模糊不清,石英为非自形,为量尚多,有时正长石与石英相共生,成文像组织(Graphic texture)。磁铁矿、锆石英、磷灰石为副矿物。磁铁矿有已变成白钛石者。

三、铜井镇石山

(一)铜井镇石山　　岩石 No.III，2a　　薄片 No.198

花岗岩(Granite)

岩石为中粒状组织,长石有二种:(一)正长石为肉红色;

（二）斜长石为灰白色,辉石为绿色,其中石英晶体甚细,非肉眼所能察。

在显微镜下,长石已风化成高岭土,其解理及双晶面等,均不明晰,有数处已变成绿帘石。辉石为淡绿色,其面不甚清洁,在解理处,有已变成绿帘石者。角闪石亦有,但为量极微。磷灰石常包含在其他矿物之内。石英为量不多,晶体亦小,常充填在空隙间。

# 第五章　玄武岩流

玄武岩流在大江南北一带甚多,在调查境者,有方山、射乌山及横溪桥北大路侧等处,至于岩流之成因及其喷发之时代已详"方山地质",兹不另赘。

## 第一节　江宁县东北区之玄武岩流

### 甲、岩石概论言

东北区之玄武岩流,在汤山北之射乌山见之。玄武岩覆盖于该山之顶部,其下部为侏罗纪之砂岩。岩石性质与方山西部所见者相似,有细胞状玄武岩与橄榄玄武岩等。面积不大,厚约二十公尺。

### 乙、岩石类别

一、射乌山及其附近

（一）射乌山顶　岩石 No.II, 19　薄片 No.221

玄武岩（Basalt）

岩石为黑色,多空隙,空隙之形状有二种:（一）无一定之形状为气体外泄所成。(二)有多面形,似前为矿物后经掉落所留之遗迹。铁镁矿物已风化成红色之铁氧。在岩石之面上,偶然见有不规则之矿物质,在显微镜下察之,则为石髓一类之矿物也。

在显微镜下,此岩石之主要矿物为斜长石、辉石及橄榄石,其中以斜长岩与辉石为尤多。斜长石为长条状,晶体不大,双晶明显。辉石为淡黄绿色,无完善之晶体,常为斜长石所贯穿,以成辉绿组织之特状。橄榄石因风化而成红色。磁铁矿亦有,为量不多。

## 第二节 江宁县中区之玄武岩流

### 甲、岩石概言

此区之玄武岩流,以方山所见者为最大(见方山地质)。在司徒村只在沟中见之,上为浮土所盖。

### 乙、岩石类别

一、方山及其附近(见方山地质)

二、司徒村及其附近

司徒村东 岩石 No.III,67 薄片 No.59

玄武岩(Basalt)

岩石为黑色,质细而坚。乳白色之长石晶体,尚明显。

在显微镜下,长石沿解理或裂缝处而风化成绿泥石,橄榄石已变成黄绿色之物质,其原来之性质已不存在。辉石之量,不如橄榄石之多。石基为斜长石、绿泥石及磁铁矿所成。此岩石与方山所见者相似。

## 第三节　江宁县南区之玄武岩流

**甲、岩石概言**

玄武岩在南区分布不广,只在横溪桥一带见之。

**乙、岩石类别**

一、横溪桥及其附近

(一)横溪桥北大路侧　岩石 No.IV, 47　薄片 No.185

玄武岩( Basalt )

岩石为黑色,长石为白色之长条形。辉石为黑色,用扩大镜,得以见之。

在显微镜下,斜长石为钙钠斜长石,钠斜长石之双晶甚显明。辉石带绿色,晶体大小不一,为量不多。橄榄石亦有,但已变成黄色或红色之铁氧。磁铁矿大小不一,为量尚多。石基为长石、辉石、橄榄石及磁铁矿所成。四者之晶体均为细粒状,内中斜长石,有成碎块状者面尚鲜洁。

# 第四篇　经济地质 [①]

　　江宁北濒长江，交通夙称便捷，又为历朝建都之地，事业之开发，常先于内地。县境矿产，质量虽不见佳，而探采工程，已具历史。如明代采铜事业之盛，尤为江宁矿业史上之伟迹。降及今日，水陆交通，日益发达，矿业之发展，尤占地理上之绝对优势。境内各矿，亟宜详细调查与研究，近数年来，除土石工业，因京市建设之需要，而能日就繁荣外，几无其他矿业可言矣。

　　此次调查，遍及全县，各区矿产，均经察勘。据野外观察及室内研究之结果，知江宁县境内，惟石灰、水泥、砖瓦等工业，颇有继续发展之可能。其余矿产视时势之需要而可择要开采。凤凰山铁矿昔已闻名，至若铜矿煤矿，分布亦广，可作小规模之开采，并可供纯粹科学之讨探，而为一甚有兴趣之问题也。

## 第一章　金属矿藏

### 第一节　铁矿

江宁铁矿，集中于南乡、秣陵关附近之凤凰山、静龙山及

----

①　本篇原定由郑厚怀教授主编，二十六年春，郑教授不幸病故，所遗研究工作及编制报告事宜，改由袁见齐先生负责。

其北之牛首山,均负盛名。此外如陶吴镇西之龙山、阴山以及和平门外之红山,皆有铁矿露头。

### 甲、凤凰山铁矿

#### 一、位置及沿革

凤凰山位江宁县秣陵关之西约五里,北距南京中华门六十华里,汽车一小时可达,交通颇称便利。山之北麓,有小河一道,东过秣陵关直抵南京,夏秋水涨,可通小轮。他年此矿果经开采,则矿山至中华门一段,当可利用水运。若欲作大规模之开采,亦可另筑轻便铁道,以达京芜铁路之江宁镇站,计程不过二十公里而已。

凤凰山铁矿之发现似甚早,然民国纪元以前之试探情形,已无可稽考。民国三年首由前农矿部顾问丁格兰氏来此察勘,估计铁矿储量四千万吨。于是觊觎者群起争夺,纠纷迭起,民国九年江苏实业厅始从事试探,共掘明槽十二,横巷三。据详细估计,得铁矿储量四百三十万吨,仅及丁氏估量十分之一,凤凰山之真相于是渐明。此后虽屡经调查,迄无实行开采之议。

凤凰山铁矿之科学研究,始于丁格兰氏。丁氏因铁矿位置多在火成岩侵入体与水成岩之接触带间,因谓为接触变质矿床。民国二十二年,谢家荣先生等详勘江南铁矿,陈恺、程裕淇二先生曾至此山作较详之调查,始确认此矿为中深或浅深热液矿脉[①]。惟文中所述,仍偏重于野外观察,矿床之生因,

---

① 谢家荣等:扬子江下游铁矿志,地质专报甲种十三号。

亦由皖境各矿比较而得之。作者昔曾与朱庭祜、郑厚怀诸先生数来此山,率皆匆匆一过,未遑探其究竟。二十五年夏,始与郑先生往作详细之考察,并从事于有系统之标本采集。其后屡经变改,室内工作时复中断。今距郑先生去世之日已一年,始克属稿,而所得材料,亦多遗留南京,故本文所述,容有不甚详尽之处,惟有俟他日返京后再求订正矣。

二、地质

凤凰山崛起于平原之间,山势低少,地质情形亦颇简单。大致言之,则以火成岩侵入体为核心,而侏罗纪砂页岩环列于四周。其他岩石,仅见零星散布,点缀于山城之间。

象山层(侏罗纪):凤凰山之水成岩,以页岩为主,砂岩次之,常与侵丛岩及铁矿相接。其色本为深灰,惟接近火成岩部份,受热力烘烧而呈灰白色,其张山及扁坦山顶之明槽中,出露甚多,此层厚度,据在癞痢山所得者,为一百三十公尺。页岩之上为砂岩,二者成整合接触。砂岩中下部色多灰黄,上部则呈深蓝色,砂粒粗大,与他处所见之象山砂岩无异。癞痢山西侧及扁担山南坡分布最广。其在小张山西部者,因变质甚深,已成净白坚致之石英岩,骤视之几与石英脉无异。砂岩厚度,在凤凰山区域出露者,约六十公尺。

小张山东北坡,有石灰岩露头,广仅丈许,岩石色灰,深浅不一,质欠纯净,中无化石,无由判定其地质年代。此露头附近,有页岩残片甚多,可见石灰岩为夹于页岩中之一层,其层位应在前述砂岩及页岩之上。作者前在苏皖边境之西横山,曾见象山层之最上部页岩中夹有石灰岩层,情形虽相类似。兹姑将小张山之石灰岩列入象山层中,以待他日之考证。

赤山砂岩(第三纪):牛首山东南坡,有赤山层红砂岩出露,其色鲜红,粒粗而质松,击之以锤,纷纷坍落,不复成块。其下与象山层砂岩,作不整合接触。

地质构造:凤凰山全体成穹状构造,以火成岩为中心,而页岩、砂岩依次围绕于外侧,地层倾斜亦分向四周,介于火成岩与砂页岩之间者为断续之铁矿体。因岩石风化之速度不同,故中部火成岩区地势低洼,四周铁矿所在咎为山脊,互相环抱,而成一东西延长之椭圆形。惟小张山孤立于东,不相连贯,中隔平地,其与凤凰山之关系,不易明辨。

三、火成岩及其热液变质作用[1]

凤凰山火成岩分布甚广,成一岩盘体,侵入于侏罗纪砂页岩中,其侵入时期略后于侏罗纪。依叶良辅、喻德渊二先生研究[2],宁镇山脉间白垩纪后之侵入岩,可分为三期,凤凰山之岩石均为中性,应属于第一期。此间火成岩受热液变质作用已深,矿物颇多变化,石理亦有改变其原形者,野外视察,绝难鉴别,即在显微镜下,亦往往难于命名。兹将所见各种岩石,分别述之。

(1)石英闪长岩:此岩分布最广,小张山之火成岩十九属于此类。他若张山庙附近及牛山西坡,亦均有其露头。细察其分布位置,皆与水成岩不相连接,似为侵入体中心部份之

---

① 关于火成岩薄片之鉴定,多得李学清主任之指导,作者谨致谢意。
② 叶良辅,喻德渊:南京镇江间火成岩地质史。中央研究院地质研究所专刊乙种第一号。

岩石。

石英闪长岩之组织多为细粒状,色黄绿或红黄。前者由于绿泥石之产生,后者则受赤铁矿及褐铁矿之渲染所致,矿物成分,在野外颇难辨认,惟长石晶体,常呈白色,较易辨别,石英细粒亦偶或见之。此外尚见少量绿泥石、褐铁矿及方解石,皆为热液作用或氧化作用之产物,与岩石之本质关系甚微。

在显微镜下,长石常呈完整之晶形。正长石多具卡尔斯伯式双晶,斜长石均呈钠长石双晶,间亦有为方柱形双晶者。带状构造,亦属常见。计其成分,自以斜长石(中性长石)为多。石英之量极微,一部份似系次生者,铁镁矿物,殊不多见。惟小张山南坡所采标本中见有角闪石晶体,亦已渐变为绿泥石;凤凰山东坡及小张山北侧之标本中,含有微量之透辉石。其余薄片中,仅见柱状晶体之全变为方解石及绿泥石者,疑为铁镁矿物之遗迹,磁铁矿及赤铁矿均为常见之副矿物。柱状之磷灰石晶体亦常有之。

此种岩石颇受热液变质作用之影响。长石常成鳞片状之高岭土及微量之绢云母及方解石,其变化之时,或成带状,异常清晰。铁镁矿物大率变为绿泥石及方解石。后者或成脉状,而贯穿于高岭土化之长石晶体中,可见其生成之期,又远在高岭土之后矣。此外如赤铁矿之因水化作用而成褐铁矿,自为氧化带中应有之现象,岩石颜色为棕或红黄者,即是故也。

(2)闪长岩:闪长岩分布范围甚狭,仅见于张山东坡及黄山圩后,与石英闪长岩间无明显之界限。其色红黄或浅灰,具细粒状组织,长石晶体,已变为白色高岭土,仍斑斑可认。此外有赤铁矿粒,散布岩间,而方解石之存在,亦可以盐酸试知之。

在显微镜下,长石晶体,清晰可辨,常具卡尔斯伯式及钠长石式之双晶。其中正长石之成分渐增,但斜长石(中性长石)之量仍多于正长石,惟无石英、铁镁矿物,无一存者,惟若干绿泥石及方解石似导源于此。副矿物有磷灰石,成微小之柱状晶体。

热液变质作用,甚为显著,长石大部变为高岭土,次生石英,常充填于孔隙之间,或亦有替换长石晶体之边缘者。方解石或侵入于长石晶体之中,或成脉状贯通于全部岩石之间。赤铁矿成片状或粒状,浸染于岩石之间。褐铁矿则成脉状,或包裹于柱状晶体——铁镁矿物之遗迹——之四周,其中部则为绿泥石,似为铁镁矿物经热液作用后之产物。

(3)长石斑岩:斑岩分布之处,适与铁矿相邻。其岩石性质,颇足与建德系火山岩相比拟。惟依其分布情形观之,仍为侵入岩盘之一部,以其位处边缘,冷凝极速,故组织细致耳,惜山间露头零乱,未能详窥其渐变之象,诚属憾事。

岩石具斑状组织,斑晶为白色高岭土化之长石及少许石英粒,石基细不可辨,因铁质渲染,每呈红黄色。赤铁矿成片状,散布岩间,方解石之存在,仅能用盐酸试知之。

在薄片中,岩石之斑状组织更明显,其中长石斑晶,已全部高岭土化,不复能检定其种类,惟替换作用之进行,或呈带状,想与长石本性有关,石基之中,几全为细粒石英,其中大部份显系次生者。方解石常见于石基之中,形状无定。赤铁矿亦属常见,惟多变为黄色之褐铁矿。此外有少量磷灰石,为此岩石之副矿物。

此种岩石,受热液变化极深。长石既全部高岭土化,石基亦受矽化甚深,加以方解石之侵进及褐铁矿之渲染,原生矿物无由检定,岩石定名亦少依据,兹姑名之曰长石斑岩,固不敢自谓确当也。

火成岩之相互关系:上述三种火成岩,在野外虽未直接窥见其接触情形,但其岩性及分布情形,颇有可资讨论之处。三种岩石名称虽不相同,但均为中性岩浆之凝固物,原属一体,自非不可能者,考其分布情形,则长石斑岩皆在侵入体之边缘,石英闪长岩位居中心,而闪长岩则介乎二者之间。若谓为同一岩盘侵入体之不同部份,则此种组织之不同,自为应有之现象。至于其中矿物成分之递变情况,因受热液变质作用甚剧,不易察出。

三种岩石之热液变质作用,各不相同。就变质程度而言,以长石斑岩为最剧烈,石英闪长岩及闪长岩次之。盖前者距铁矿脉最近,铁矿果为热液变质作用所成,则斑岩受其影响必较深;闪长岩及石英闪长岩距矿既远,热液之侵进自当较少。至于岩石中矿物之变化,亦各不同。同一长石(大多数为中性长石),在石英闪长岩中常变为高岭土及少量之绢云母,其在闪长岩中者,则为高岭土及石英,至长石斑岩中,乃以石英为主,高岭土反见减少,据显微镜下观察之结果,知绢云母化、高岭土化及矽化作用,乃依次发生者<sup>①</sup>,可见强烈之矽化作用,已毁灭长石斑岩中之一部份绢云母及高岭土。惟其活动范围狭小,故石英闪长岩中,不复有矽化之象耳。

绿泥石及方解石之产生甚迟,后者或为冷水作用所成。其分布情形,适与矽化作用之程度相反,推原其故,约有三说。(1)长石斑岩中铁镁矿物本甚稀小,故绿泥石无由产生。(2)岩石受矽化深者,已成之石英能限制绿泥石及方解石之产生。(3)绿泥石及方解石产生之时温度较低,故盛见于距矿脉较远之处。三说孰是,尚少事实之证明,不易判断。

四、矿床

凤凰山铁矿皆成脉状,其形甚显。惟各脉性状颇多歧异,故分别述之。

张山储铁最富,其矿脉露头,见于山脊,作东北—西南走向,长约九百公尺,倾向西北,倾角自三十度至六十度不等,大致两端峻陡中部平缓,故山顶矿脉出露最宽。此脉位置适当火成岩与页岩之接触带间,惟西部明槽中,见有铁矿支脉,侵入于页岩层面之间,致成互层之象,脉中矿物以块状赤铁矿为主,东端间有磁铁矿。铁矿之中包有火成岩块,棱角尖锐或半浑圆,径或达四公分,为铁矿交替火成岩尚未完成之现象。在山顶东侧及张山庙后各有石英脉一,横贯于铁矿脉及围岩之中,其走向为北六十度西,适与铁矿脉相垂。脉中几全为净白之细粒石英,间以重晶石晶体。其产状及成分,均足证

---

① 谢家荣先生研究当涂铁矿,知绢云母化作用在高岭土化作用之后,但凤凰山标本中,未尝见此事实。

为铁矿生成以后之低温产物。

牛山在张山东南，有铁矿脉二，均作南北走向，至南端始逐合而为一。其在东坡者为含矽赤铁矿，质尚良好。在南坡者，赤铁矿破裂甚深，已成为角砾状，砾皆具棱角，大者径达八公分，平均在三四公分间，黏合物质通常为石髓，但亦有为红色细石英或石英间杂以重晶石者。此种物质均为低温脉质沉淀物，与张山之石英脉为同期之产物，惟产状互异耳。

扁担山在牛山西南，有铁矿脉一，产生于火成岩与页岩砂页之接触带间，而作东西走向。赤铁矿中常杂页岩碎片，棱角尖锐，与张山之火成岩砾之略呈圆形者不同，盖页岩不易受热液交替作用故也。

小张山位于张山之东，有矿脉二，一在山顶，作南北走向，一居北坡，仅见数方丈之露头而已。此矿脉几全部贯穿系火成岩间，矿石仍以赤铁矿为主，而磁铁矿之量，远过于张山。矿石之中，常包含火成岩块，形状浑圆，足征其受高温热液作用较深，而与磁铁矿之特多，可互相参证者也。

火成岩与水成岩之接触面为一脆弱地带，故凤凰山诸矿脉，多沿此面而生，惟小张山之脉，全部位于石英闪长岩中，与其他铁脉不同，此脉走向约为南北，与宁芜向斜层之轴平行，似颇有关系者，惟火成岩之侵入，尚在挠曲作用之后，不能受其影响，故此南北向之裂隙之发生，当为火成岩冷凝时收缩之结果。惟小张山附近水成岩露头稀少零乱，火成岩与水成岩之接触面不明，此裂隙究系放射状裂隙，抑为平行于接触面者，则不易推考。

凤凰山铁矿集中于张山。山顶矿脉，作东北西南向之延长约九百公尺，矿产露头，中部最宽，达五十公尺，两端渐见狭小，不过四五公尺而已。其平均宽度，约为二十五公尺。矿床深度，依最高及最低之露头测之，约为一百公尺。兹姑取其平均深度为五十公尺，则约得矿石体积一、一二五、〇〇〇立方公尺。但坡间一部矿质，已被蚀去，故应去其百分之二十，则得九〇〇、〇〇〇立方公尺，假定矿石之比重为四，得矿量三、六〇〇、〇〇公吨。惟矿石中常杂有页岩及少数石英脉；若废石之量占总量百分之四十，则得净矿二、一六〇、〇〇〇公吨。

其余各山，除癫痫山外，皆产铁矿，且经探掘。惟其位置，率在山顶，深度极有限，长宽亦远逊于张山，储量极少。今将各山储量约计如次：

| 地名 | 长度（公尺） | 宽度（公尺） | 深度（公尺） | 折扣 | 储量（公吨） |
|---|---|---|---|---|---|
| 小张山 | 200 | 20 | 15 | 去50% | 120，000 |
| 扁担山 | 150 | 20 | 10 | 去50% | 60，000 |
| 牛山 | 100 | 20 | 10 | 去60% | 51，000 |
| 叉（东坡） | 120 | 15 | 10 | 去50% | 36，000 |
| 合计 | | | | | 267，000 |

合计凤凰山全区总储量为二百四十二万七千二百吨，约言之为二百四十万吨。此数较前人估计之值为少，而与丁格兰氏所称"安氏估计矿量之半数，约二百万吨，足以代表上部矿床之矿量"，适相吻合，则二百四十万吨之数，庶已近似，若合贫矿计之，自可超过三百万吨也。

五、矿物

凤凰山矿床中矿物种类甚简,金属矿物几全为氧化物,脉石之中,石英为量最多。惟在显微镜下,常见微量之他种矿物,对于矿床成因之推断,颇有关系。兹依其生成之先后,分别述之。

(1)磁铁矿:凤凰山所产矿物中,磁铁矿生成最早。小张山顶产量最多,张山东部亦见之。大率成块状,其在孔隙之间者,或呈八面体之晶形,或仅露三角形之晶面,直径仅二三公厘,磁铁矿孔隙之间,每为赤铁矿所充填。在显微镜下,磁铁矿之晶形甚清晰,其边缘部份,率为赤铁矿所交替,后者或成脉状贯穿于磁铁矿之中央。此种交替作用,程度甚深,致多数磁铁矿晶体,几全为赤铁矿所交替,苟不借助于显微镜,实无从证实磁铁矿之存在。

(2)富矽鳞云母[①](Polylithionite):小张山顶,浅色云母片与磁铁矿及石英共生,在显微镜下此云母微现多色性,自棕色以至浅黄,光性为单光轴负号,消光角零度,折光率为1.555,为富矽鳞云母。此云母之结晶本属单斜晶系,因为假六方晶系之结晶,故呈单光轴现象,其产生时期,在磁铁矿之后,而先于石英,除小张山外,扁担山、癫痫山间之变质砂岩中,亦有此富矽鳞云母,成弯曲之脉状,贯通于石英粒间。

(3)磷灰石:火成岩中,常含磷灰石,为其副矿物,兹姑不论。矿脉之中,亦有少量磷灰石,惟体积甚小,故非肉眼所易

---

① 富矽鳞云母之检定,多得张更先生之指导,敬致谢意。

察出。在显微镜下,磷灰石常成柱状,略带棕色。其产生时期,显然早于石英,亦先于赤铁矿。

(4)赤铁矿:凤凰山矿石之具有经济价值者当推赤铁矿。其产生情状约有四种:

(i)经济价值最高之赤铁矿,成坚质块状。其中含磁铁矿晶体,或替换其一部份。杂于赤铁矿间者,有粒状石英,在显微镜下,窥之甚显。此种赤铁矿,时或破裂,而以石髓黏合之以成角砾矿,矿质遂较低劣。

(ii)岩石之中常有赤铁矿,成片状或条状,散布其间。其在页岩中者,又循其层面,互作条带状,此种赤铁矿之生成,与(i)同时,惟地位不同耳。

(iii)疏松之赤铁矿,每成脉状,贯入于块状赤铁矿之间。或呈葡萄状及钟乳状,包裹于石英及重晶石之表面,可见其生成之期必甚迟。

(iv)石髓之中,偶见赤铁矿,成针状,互相集合而作放射形。其生成略先于石髓。

(5)绢云母:绢云母仅见于岩石中,亦为成矿作用之产品,故于此述之。在显微镜下,绢云母皆呈鳞片状,与高岭土共生于长石晶形之内,显示交替作用之情形甚明。其产生地点,仅限于距铁矿脉较远之石英闪长岩中,而与石英之量,互为消长。

(6)高岭土:火成岩中之长石晶体,几全部高岭土化。此种高岭土,在显微镜下,常为无色透明之鳞片状集合体,显为热液作用所成,而与风化所得之高岭土不同。高岭土与绢云母之关系,不甚明了,惟石英之产生则在此二者之后。

（7）方解石：方解石仅见于火成岩中,无完整之结晶体,亦无较大之脉,非藉盐酸之助,几不能检定。在显微镜下,方解石为火成岩中习见之次生矿物。兹依其产生性状,分为三种：

（i）成较大晶体,具双晶条纹者,为方解石中之最先生成者。其量极少,与他种矿物之关系不明。

（ii）结晶微小,常替换长石及铁镁矿物。其产生后于高岭土。

（iii）成细脉贯通于已经热液变质作用之火成岩中,高岭土及次生石英均受其影响,显为低温或雨水作用之结果。

（8）石英：石英为此矿主要脉石,其产生情形每不一致,兹分别述之。

（i）在赤铁矿中,常有粒状石英与之互生。二者似系同时产生者,石英之多寡,即决定矿质之优劣。

（ii）火成岩中之次生石英,为量亦巨,而尤集中于毗连晶体之处。在显微镜下窥之,石英或成微脉,贯于高岭土化之长石中,或包围于原生石英之四周,或成细粒而充填于长石晶体之孔隙间。此种石英,似与（i）同时产生者,惟其位置不同耳。

（iii）张山之顶,有石英脉二,宽达三公尺。其中以纯净粒状石英为主,或成纤长之柱状晶体,伸出于孔隙之间,长不逾一公分。在显微镜下,石英之微小晶体或包孕于重晶石中。而后期之石英微脉,又穿重晶石而过。此处石英脉之产生,已在铁矿脉完成以后，而最后期之石英微脉，则又发生于重晶石之后矣。

（9）菱铁矿：菱铁矿之产量甚微，几非肉眼所能察出，成菱形十二面体之微小晶体，包裹于石英之中。

（10）绿泥石：此矿物仅见于火成岩中，为铁镁矿物受低温热液作用之结果。用肉眼观察，仅见岩石之间，常呈绿色。在显微镜下，见绿泥石交替铁镁矿物，而分泌铁质于液体之四周，间亦有成微脉状，穿入于长石之双晶面间者。

（11）石髓：石髓为胶状矽质之沉淀物，盛产于牛山，常为赤铁矿砾之黏合物，或成细脉，贯于铁矿之中。其色多为乳白，或亦无色透明，二者成美丽之条带，在显微镜下，呈放射状之微晶质，其间偶有石英微脉贯穿之。

（12）重晶石：重晶石盛产于张山之石英脉中，成片状之晶体，色净白或浅红，常在石英孔隙中见之，显为后于石英之矿物，在显微镜下所见石英与重晶石产生次序亦同，惟石英之成微脉而贯入于重晶石间，或成微小柱状晶体，位居于重晶石之表面者亦偶有见及。故知重晶石生成之后，固曾又有石英之沉淀也。

扁担山、癫痫山间，亦有重晶石脉，在变质砂岩之中。其中石英甚少，与张山者略有不同。

（13）针铁矿：牛山顶部有针铁矿，成钟乳状，附着于赤铁矿之表面，而与石髓交互成层，在显微镜下，则具针状晶体，作放射状之集合。

（14）孔雀石及蓝铜矿：张山庙后明槽之旁，赤铁矿表面每现绿色或蓝色之氧化矿物。其蓝者为蓝铜矿,绿者为孔雀石,二者之量均微。至于其他原生铜矿物,则未发现。

(15)褐铁矿:铁矿风化时,经水化作用而成褐铁矿。在凤凰山所见者,又可分为二种:一为坚致之深褐色物,成脉状或乳房状。另一种为疏松之黄色土,常见于铁矿或岩石之表面。

六、成因

昔丁格兰氏,以凤凰山铁矿为接触变质矿床,后经谢家荣等诸先生之复勘,认为中深或浅深热液矿床。此次观察结果,与谢先生所见,大致相同。惟谢先生在当涂北区铁矿之薄片中,见高岭土之生成在绢云母之前,而凤凰山中未尝见此现象。且凤凰山围岩所受绢云母化作用,远不及高岭土化及矽化作用之甚。若只就凤凰山所见之事实而论,则主要赤铁矿之生成,略与石英同时,必后于高岭土。高岭土通常为浅深热液作用之结果,而与当涂北区之南山铁矿不尽相同。据戴氏及阿伦氏之意,高岭土化与绢云母化之别,视溶液之为酸性或基性而定,凤凰山、南山二矿区之不同,或可以此理解之。惟作者以为无论凤凰山之铁矿是否与南山相同,其主要赤铁矿生成时,温度已低,应为浅深热液矿床,或后期中深热液矿床。

石英闪长岩凝固之后,残余热液,循岩石间之裂隙上升,而生充填及交替之作用,后者尤集中于火成岩中。此种热液之上侵,时作时息。故主要赤铁矿脉虽产生于中深后期或浅深热液作用之阶段,而成矿作用之活跃实发轫于深造热液作用期,直至浅深热液作用期之末叶,犹未完全停止也。兹将各期成矿作用之情况,分别述之。

（1）深造热液作用期（磁铁矿期）：火成岩侵入之时,因岩体大,围岩抵抗力强,故无剧烈之变质作用,仅见接近接触面之页岩,呈烘烧之象而已。及岩浆凝固,高温热液随即上升,遂起充填及交替作用。磁铁矿首先沉淀,并交替一部份火成岩,继之者有富矽鳞云母及石英。此时矿脉之范围甚小,矿物不多,惟矿脉之基础即基定于是。

（2）浅深热液作用（或中深后期）期（赤铁矿期）：成矿作用一度静止后,大量酸性热液挟铁质以俱升。铁质沉淀而成赤铁矿,并与磁铁矿及火成岩发生交替作用,以增大矿脉之体积,其中一小部份复向围岩中侵进,而渗染于其间。与铁质大致同时上升之酸性熔液,逐渐向围岩侵袭,遂有高岭土化及矽化作用。主要铁矿物均于此时生成,矿脉之形状,亦于此时完成,为凤凰山铁矿之主要成矿期。

（3）浅深热液作用后期（镜铁矿期）：主要赤铁矿生成以后历时未久,又有矽质热液挟少量铁质,循赤铁矿脉之附近上升。此时温度渐低,故石英皆成细粒状,与之共生者有重晶石及少量之磷灰石小晶体。镜铁矿（在凤凰山北里许之静龙山极多）及一部分赤铁矿,亦于此时造成。其后温度益低,胶状矽质乃沉淀于铁矿裂隙之间而成石髓。在火成岩中,有绿泥石及方解石之产生,大致属此期前段,此期作用,一方面增加铁量,同时亦增加矽质使矿质变劣,故于矿床之经济价值,无大裨益。

（4）氧化作用（褐铁矿期）：铁矿完成以后，因地壳运动及剥蚀作用而出露于地面，大气雨水之袭击，势不能免，坚致之磁铁矿及赤铁矿乃渐变为褐铁矿。矿物中偶有略含铜质者，亦因氧化而成孔雀石及蓝铜矿，呈鲜艳之蓝绿色，附着于矿物之表面。

矿床生成之经过虽如上述，但各山情形，不尽相同，兹列为简表，以资比较。若就大体论之，则可谓为"南山式"矿床。

|  | 张山 | 牛山 | 扁担山 | 小张山 |
|---|---|---|---|---|
| 位置 | 在侵入岩与页岩间 | 大致在侵入岩与砂岩之间 | 在侵入岩与页岩之间 | 在侵入岩中 |
| 产状 | 脉状 | 脉状 | 脉状 | 脉状 |
| 组织 | 坚致之赤铁矿，中含火成岩块及少量磁铁矿，矿脉为石英脉所切 | 矽化赤铁矿，一部份铁为角砾，以石髓黏合之 | 坚质赤铁矿，中包页岩碎片 | 微小磁铁矿晶体及赤铁矿，一部份磁铁矿被赤铁矿所交替 |
| 主要矿物 | 赤铁矿，磁铁矿，石英，磷灰石，重晶石 | 赤铁矿，石英，石髓，重晶石 | 赤铁矿 | 磁铁矿，赤铁矿，富矽鳞云母，石英 |
| 成矿期 | （1）深造热液期（2）中深后期或浅深热液期（3）浅深热液期 | （2）中深后期或浅深热液期（3）浅深热液期 | （1）中深后期或浅深热液期 | （1）深造热液期（2）中生后期或浅深热液期 |

## 乙、静龙山铁矿

### 一、位置及沿革

静龙山在东善桥南，北至南京城五十里，东距京建公路约里许，南则与凤凰山隔河相望，交通情形，正与凤凰山相

---

① 注：有 ＿＿＿ 者为该脉之主要成矿期。

同。此山铁矿,曾于民国初年,由大陆公司开采,开掘明槽甚多,结果不佳,废置多年,不复有人顾问。将来凤凰山铁矿,如果实行开采,或可兼及此山,否则以此山矿质之低劣,储量之贫瘠,恐无单独采取之望也。

二、地质

静龙山中几全为建德系喷出岩。惟其西之大山,则有侏罗纪砂岩,位于建德系之下,作不整合接触。喷出岩大致倾斜向东偏南,惟层次不清,不能确测其角度,仅能就岩石分布情况,略窥其大概而已。此系之中以斑岩为主,凝灰岩及角砾岩则仅于坡间偶见之,其层位均在斑岩之上。兹分别述之:

a. 黑云母安山玢岩:静龙山几全为此种岩石所成。其颜色无定,或因氧化铁之渗染而呈红黄棕紫诸色,或因绿泥石之产生而作灰绿色。石理显呈斑状组织,斑晶为高岭土化之长石,常成柱状,或作流状排列;石基极细不易辨认,常因铁质渲染而作红黄色。

在显微镜下,斑状组织更为明显,斑状以长石为主,时作流状排列。其中以钠长石为多,具清晰之钠长石双晶,正长石之量较少。铁镁矿物亦有成斑晶者,惟常变化而不能检定,其比较完整者有黑云母,成巨大片状。但新鲜者极少,多数已变为绿泥石,而分泌铁质于晶体之四周。辉石类之矿物,似亦存在,因变化太深,不易确认。石基之中以石英为大宗,其中一部份显系次生者。石英之中,时有针状赤铁矿之包孕体,几为此种岩石中通有之现象。此外,如磁铁矿、赤铁矿、磷灰石等,皆为常见之副矿物。

全体岩石,变化甚深。其中长石之足资检定者,仅于小箕山顶得之。兹将变化情形分述之:

(1)高岭土化:长石斑晶,全部高岭土化,在显微镜下,常呈透明鳞片状。

(2)矽化:矽化作用之烈,仅略次于高岭土化。石基中之次生石英,皆矽化之结果,即在长石斑晶之中,亦常有作纤维状之石英。此种作用,与铁矿之生成,关系甚密。其产生时期,确后于高岭土,盖后者之中曾见有石英微脉之侵入也。

(3)方解石化:静龙山北端接近大山之处,有方解石化作用。其发生时期,尤后于矽质。惟此种作用,仅限于一小区域,钙质之来,或非岩液中所应有,殆即取诸于象山层中。静龙山北端接近大山,故得之也。

(4)绿泥石化:铁镁矿物变化结果,以绿泥石为主,偶亦见有以角闪石为过渡矿物者。与绿泥石同时产生者有赤铁矿,常环绕于铁镁矿物晶体之周围,或成小点散布于其解理面间。

(5)氧化及水化:此为最普遍之现象,而尤以赤铁矿变为褐铁矿为著,岩石之颜色,多因此而变化。

b. 凝灰岩:见于静龙山东坡,位于玢岩之上。其颜色与玢岩相同,惟石理则作碎屑状。其中以破碎之长石晶体为最多,石英次之。较细者则以石英为多,间有玻璃质参集其间。此种岩石亦受熟液变质作用之影响,故长石皆已高岭土化,而次生石英之量,亦颇不少。

c. 火山角砾岩:静龙山北麓及小旗山东南西三面均有火

山角砾岩。岩石色皆棕黄,具角砾状组织甚显。砾之大者或达五公分,其中矿物成分,惟长石及少数铁镁矿物之斑晶尚可辨认,石基之中,仅见黄色铁质之渲染而已。

显微镜下观察,见角砾之中有:(1)斑岩块,其中长石已全部高岭土化;(2)黑云母:一部份已变为绿泥石;(3)铁化岩石(似系斑岩之石基部分)及(4)石英。其黏合物则以石英为主,有时略有玻璃质,亦有经热液变质作用而产生少量之方解石、绿泥石及赤铁矿者。

除上述三种岩石而外,在静龙山及小旗山之间,曾见有角砾岩露头,其中砾石为建德系火山岩,而以铁质胶合之,此种角砾岩,似系熟溶液上升时,将岩石冲破而复以铁质胶合者,并非原生岩石。

三、矿床

静龙山及其南之小旗山,共有矿脉五,程裕淇先生曾作详细之叙述。兹略言之:

1. 静龙山中脉:此脉位静龙山顶,走向N38° W,倾向西南倾角七十度。计长四百五十公尺,平均厚度约一公尺。脉中矿物,以块状赤铁矿为主,在北端略有磁铁矿,其情形略似凤凰山之小张山。愈南则磁铁矿愈少,至中部即无磁铁矿晶体可见,与张山之矿相似。此脉为一复脉,在南部常见多数小脉夹杂于火山岩间,其下部或有互相合并而成一宽脉之可能。故其厚度可望增加,向下延长深度当可超过十五公尺[①]。

---

① 见地质调查所:地质专报第十三号, 第150页。

2. 静龙山西脉:中脉之西约二十公尺,另有一脉,是为西脉,脉长二百六十公尺,厚度自一公尺至二公尺不等。此脉走向 N32° W,倾向西南,倾角六十五度。脉中矿物,以镜铁矿为主,成巨大片状。集合而呈树枝形,其孔隙间则有细粒状之赤铁矿填充之。其生成时之温度,略低于中脉。此脉矿质尚佳,不下于中脉。

3. 静龙山东脉:在中脉之东,走向 N10° W,倾向东方,倾角约十二度,显与中西二脉不同。矿脉露头不相衔接,总长共五百公尺,厚约半公尺,惟矿脉倾向与山坡斜向相同,故坡间露头甚宽广。矿物以镜铁矿及赤铁矿为主,前者为量极少。脉矿以碧玉为主,常与铁矿互成条带状,其孔隙之间填以乳白色之石髓。其组织情况及矿物成分均足证为低温矿脉。此脉矿质低劣,差可与牛山相比,逊于中西二脉多矣。

4. 静龙山南脉:在山之南坡另有一脉,走向 N33° E,倾向东南,倾角自五度至十五度不等。长共四百七十公尺,厚度在一公尺以上。其北端显与静龙山东脉相连,惟矿脉走向突变,矿物性质亦异,故未能认为有成因上之连带关系也。此脉矿物,以赤铁矿为主,含矽甚高,惟其中石英,皆为粒状,以参杂于赤铁矿间,与东北之情况不同。

5. 小旗山脉:小旗山为静龙山之尾闾,矿脉位居其顶,走向 N10° E,倾向东,倾角约三十五度。此脉北与静龙山东脉相呼应,总长度六百五十公尺,厚约四十公分。其中矿物仍以赤铁矿为主,惟含矽极高,故矿质最逊。

诸脉矿量,据刘季辰、赵汝钧①二先生估计约为一二十万吨。近经程裕淇、陈恺二先生详细估计②,得矿量50,250吨。此次调查时,在野外虽未十分注意于此,但据所得结果,约略计算,得全部储量约十一万吨,其中佳矿占三分之二,约七万吨左右。

四、矿物

静龙山铁矿中所含矿物异常简单,共得十三种,兹依其生成先后约略述之:

1. 磁铁矿:磁铁矿为本矿金属矿物中最先生成者,仅见于静龙山中脉北端。其产生情况约有二种:(1)磁铁矿与赤铁矿共生,而成块状佳矿。但在显微镜下,则见磁铁矿自成八面体之结晶,而赤铁矿充填于其间,或依其边缘交替之,故赤铁矿之生成显然在后。但在若干光片中,曾见二者成平直之接触线,示系同时生成者。(2)在孔隙之间磁铁矿显呈八面体结晶体,大者逾一公分,附着于赤铁矿与磁铁矿合成之块状矿石上。

2. 赤铁矿:赤铁矿为最主要之矿石,各矿脉中皆有之。依其性状之不同复可分为四类:(1)坚质块状赤铁矿,或与磁铁矿相伴生,其产生时期甚早。(2)较松之赤铁矿,或充填于磁铁矿孔隙之中,或与多量之石英及碧玉共生,为低温热液作用之产品。(3)土状次生氧化铁,其生成且后于低温石英,为氧化作用之结果。(4)石英之中有赤铁矿之包孕。其在围

---

① 刘季辰、赵汝钧:江苏地质志。
② 谢家荣等:扬子江下游铁石志,地质汇报甲种十三号。

岩中者,皆成针状,散布无定则,其生成尚先于早期石英,殆与(1)同时者。低温石英之中亦有赤铁矿之包孕,呈假豆状(Pseudopisolitic)构造,亦为低温矿物。

3. 镜铁矿:镜铁矿以静龙山西脉为最多,成巨片状,集合而成树枝形,其间有赤铁矿充填之。在静龙山东脉中,亦见有较小之镜铁矿片,与碧玉交互成带,其生成显后于西脉所见者。

4. 菱铁矿:菱铁矿之产量甚微,仅见于静龙山南端,在赤铁矿孔隙之中,成马鞍状之菱形结晶,其生成后于主要赤铁矿。

5. 褐铁矿:褐铁矿为氧化产物,或成肾状而附着于石英及赤铁矿之表面;或成脉状,循生于赤铁矿之裂隙中,大多数则为土状而充填于氧化矿物之孔隙间,或附着于其表面。

6. 高岭土:高岭土仅见于岩石之中,常为石英及方解石之微脉所贯,故为热液作用早期产物,与主要赤铁矿之生成颇有关系。

7. 角闪石:亦为热液变质产物,呈黄绿色,为黑云母与绿泥石之过渡矿物。

8. 绿泥石:此矿物亦仅于岩石中见之,为黑云母受热液变质作用后之产物,岩石颜色或得于是。其生成时间,略迟于主要赤铁矿。

9. 石英:石英为静龙山矿床中最常见之脉石,其产状有三:(1)成粒状,与赤铁矿共生,间有呈晶形者,则仅于薄片中见之;(2)成脉状或微脉状,贯穿于赤铁矿及磁铁矿之间,其发生显后于主要成矿作用;(3)在矿石及脉石之孔隙间常有金色透明之石英晶体,呈短小之柱体,并以完整之菱形冠于其端,大者不逾一公分。此种石英常居石髓之上,可知其为低温产物。

10. 重晶石:重晶石之量极微,非肉眼所能辨出。其产生地点常与早期石英相伴而交替之,亦有成脉状而贯入于赤铁矿中者。

11. 碧玉:碧玉为静龙山东脉之主要脉石,常与赤铁矿及镜铁矿互成条带。惟依其分布情形言之,则碧玉多居矿脉之中部,故其生成仍略后于铁矿。

12. 方解石:方解石仅见于静龙山北部之变化岩石中,常成脉状,贯入于岩石之间,其生成时期甚迟。

13. 石髓:石髓亦多见于静龙山东脉之中,常呈乳白色,包裹于各种矿物之外,或成细脉,穿入于矿石及石英之间,均足证为后成矿物。惟偶有细小石英晶体,位于其上,故知石髓生成之后,因又曾有石英之沉淀也。

兹将上述矿物之生成先后关系,列为简表如下:

| | 中深热液作用 | 浅深热液作用 | 氧化作用 |
|---|---|---|---|
| 磁铁矿 | —— | | |
| 赤铁矿 | —— | —— | |
| 镜铁矿 | | —— | |
| 菱铁矿 | | —— | |
| 褐铁矿 | | | —— |
| 高岭土 | —— | | |
| 角闪石 | —— | | |
| 绿泥石 | —— | | |
| 石英 | —— | | —— |
| 重晶石 | | —— | |
| 碧玉 | | | |
| 方解石 | | —— | |
| 石髓 | | —— | — |

五、成因

静龙山诸矿脉中,除南脉外,走向大致相同,应属同一系统。南脉之所以向西弯曲者,或系因断层作用而然,此类断层之存在,在岩石性质上无可证实,惟该处角砾岩之产生,为一有力之证据。

各矿脉中之矿脉成分,各不相同。中脉含磁铁矿,生成时之温度最高;西脉以镜铁矿为主,温度次之;东脉中以碧玉为脉石,温度更低;南脉与小旗山脉虽无碧玉,而其中石英,显系低温产物,故其生成温度,或更低于东脉,由此可见各矿脉产生时之温度,愈南愈低。当时热液似发生于静龙山北端建德系与象山层接触之处,由此向南推行,愈远则温度愈低,铁量渐少,矽质转多,以止于小旗山南。

此外尚有一点应加注意者。静龙山东南二脉及小旗山脉，皆倾向东，倾角平缓，与中西二脉之向西急倾者不同。前三脉之倾向，似与火山岩之层次相平行，而后二脉则否。然则此二组矿脉中矿液之来，未必循同一途径，亦未必为同一时期，中西二脉生成较先，当时温度，或达三百度，至东脉生成之时，则温度已在一百度左右矣。证诸凤凰山、牛山之矿，此说亦颇可能。

**丙、牛首山及其他铁矿**

1. 牛首山：牛首山在静龙山北，距中华门二十五华里。铁矿在西峰之上，昔经大陆公司试探，无结果而罢。此次调查时，仅匆匆一过，未及详加研探。

牛首山以建德系火成岩为主，其南坡略有象山层石英岩出露，西峰之西则有斑岩侵入体。铁矿为即产生于此侵入体之边际。矿床成脉状，其中以赤铁矿为主，乃交替火成岩而成者。其交替作用，常未完全，故矿石之中，仍有残余岩块可见，矿石含铝遂特高。矿石之中，石英甚多，矿质甚劣。全山矿量，经程、陈二先生[1]之估计为八万吨，其中二万余吨为山坡矿砾。质劣量少，其经济价值，犹逊于静龙山也。

2. 阴山及龙山：阴山、龙山均在陶吴附近，东北距凤凰山十余里。山中均有铁矿露头，惟量少不值开采。阴山之矿石，为磷灰石与磁铁矿共生，其情况正与当涂之大凹山相同，为高温热液所成。此外县境诸山，见有铁矿物者甚多，如和平门

---

[1] 地质专报，甲种第十三号。

外之红山，中山门外之钟山东北坡，大率皆与火成岩有关。惜产量极微，无详加研究之必要，兹皆从略。

## 第二节　铜矿

**甲、南乡獾子洞铜矿**[①]

一、位置及交通

去年十一月杪，著者等偕学生数人，作獾子洞之行，以为中央大学地质系普通经济地质班野外实察之一。獾子洞位于江宁县境之极南，与皖省毗连。该地距京甚近，仅六十五公里，而行程实亦非易。最快途径，当乘公共汽车越秣陵关而至距中华门 33.10 公里之令桥站。由令桥步行十二公里，至横溪桥镇，旅行者即可留宿于此。盖逾此即不复有适宜之寓所可得也。翌晨循小路迂行于稻田之间，又九公里而至獾子洞，铜矿在焉。最近从事于该矿者为南京某肆主。据其口头陈述：该矿历史，远溯明代，当时实有一段光荣之记载。当工作极盛之时，雇工不下万人，所采矿石，就矿冶炼，以供造币之用。三十年前，横溪桥某商人复采此矿，结果不佳，工作旋即停顿，矿权乃归于现在之矿主。去春招雇工人三十名，重复开采。惟探采成绩，未见良好，工人即渐减少。刻下所留者，不足十人，生计颇为艰苦。据称不足一年之间，所费已属不赀，而矿石尚无运出者。采矿工作，全为露天采掘，无井下开采之遗迹可寻。依露天坑之大小度之，则所述过去之伟迹，似属无

---

① 英文原文见中国地质学会会志十五卷第三期。

稽。据现在所见之矿石,其含铁量远过于含铜,若果视为铁矿,则又质劣不足以供冶炼。然此处所见之成矿作用,不论其经济上之价值如何,确富有科学上之兴味。作者等停留矿上,虽仅半日,野外观察自尚不足,而携回材料尚丰,足供室内详细研究之用。依研究结果,作者等对于矿之成因,得有某种结论;而于矿床之自然历史,亦类其梗概矣。

二、地质

獾子洞铜矿所在之山,高达二百四十五公尺,为南京附近中年期山峰之一。獾子洞附近之地质,较为简单。由下而上,见有下列岩石:

1. 砾岩:石理中等,卵石以石灰岩为大宗,棱角半尖锐,直径平均四五公分,大者或逾一公寸。石英岩砾,为量较少。大率巨大。此石灰岩及石英岩卵石之共生现象,似属反常,然此间确有此事实。黏合物以粗砂为主,因含氧化铁质,色皆深红,或呈棕黄。燧石、灰岩及方解石碎块,亦偶有之。砾岩上下均见有粗砂岩层,色红或黄。在獾子洞,此矽质砾岩之中,见有红色页岩,参夹其间。上述岩石厚度,约八十公尺。此砾岩之中,具卵形之空隙甚多,其中几全为后来之成矿作用所充塞,仅少数仍留空穴。

2. 钙质页岩:此岩色皆蓝灰,具细致之石理。中含钙质甚富,且略经成矿作用,故有多量矿物之玷染,在獾子洞北之西山东坡,见有灰岩层,厚约五公分,夹于其中。而獾子洞本山,则出露欠佳。此层岩石,厚约三十公尺。

3. 砂页岩系:上述页岩之上,见有下列岩层:(一)黄绿色页岩;(二)灰色及偶或紫色之页岩,间以石英岩层;(三)浅灰色石英岩,其中页岩层,愈上愈少。在石英岩及页岩之间,偶见有薄层砾岩。此系厚约二百五十公尺。

上述三种岩层,总厚达三百六十公尺。因时间匆促,未获化石,仅于黄绿色页岩之中,见有黑色斑纹,疑为植物化石,然保存甚劣,不足以资检定。惟就邻近地带之地层比较之,则玀子洞岩石,当位于象山层中,浅黄砂岩之上。其下部之红色砂岩,或相当于象山层之杂色砂页岩。玀子洞北,喷出岩掩覆于此种岩石之上,范围颇广,时期为白垩纪。故玀子洞之水成岩系,不能后于白垩纪,约为白垩纪之中部或下部。更就相邻之皖省当涂县境比较之,则当涂之采石系,与玀子洞所出露之岩石不同,而与其东之横山之地质往往相合。玀子洞岩层,似位于采石系之顶部,而为该地所未出露者。采石系既谓为象山层之下部,而与黄马页岩及紫霞洞石英岩相当,则玀子洞岩层之为象山顶部,益可征信。

二长斑岩侵入体:此山之西南坡,有火成岩体出露,呈暗黄绿色,组织显为斑状。据肉眼观察所见,斑晶多为长石及长柱状之角闪石,包蕴于细粒不能检定之石基中。在显微镜下,斑晶中有正长石及酸性斜长石——大部为钠钙长石——具卡尔司伯式(Carlsbad)及钠长石式之双晶。略已绢云母化,而高岭土化甚深。角闪石呈柱状或菱形之剖面,已变为绢云母、绿泥石及绿帘石。磷灰石及榍石,均为次要矿物,而以镜铁矿参杂于其间。石基为细小之长石集合体,杂以少量之石英。在野外可暂定此岩为闪长斑岩,但其中正长石及斜长石之量几相同,故名为二长斑岩,较为准确。依附近区域之其他侵入体之比较,此侵入体当在白垩纪以后,而为接触变质作用及其后之热液成矿作用之母岩。

三、矿床

矿床成脉状,产生于石英砾岩之中,或沿侵入岩与砾岩之接触处。矿物以块状赤铁矿及镜铁矿为主,杂以次要之黄铁矿及黄铜矿而氧化之铜铁化合物,复使此极贫之原生矿石,略提高其价值。最多之脉石为方解石、石榴子石及石英。此矿已经开采,共有露天掘坑十三处。第一坑至第六坑,显系排列成一直线。作北六十五度东之方向,平均宽度十二公尺,斜坡上所见长度不足百公尺。假定其深度为二十公尺,而其中四分之一为极低级之铜矿,则此带矿量约为二万公吨。其余散处之坑中,总量亦不逾此数,则全部蕴藏量之估值,得劣等铜矿,不足五万吨。就实在情形观之,当不能超过此约略估计之量。围岩几全为石英砾岩,惟在第一号坑,有薄层之页岩及砂岩层参夹其间。其中有二种构造现象,足以引人注意者,一为砾岩之中矿石及脉石之椭圆体,二为第十号坑中之裂隙式矿脉。此种形态,当有适当之解释。除若干露头上见有成矿作用以后之小断层及断层抓痕外,此间无较大之地质构造。原生成矿作用,显有二期,其后又有氧化作用。

四、矿物

本区矿质低劣,无经济价值,而矿物之集合及其成因则极饶兴趣。兹依其生成之先后,依次述之:

石榴子石:此矿物占量甚多,依其产状可分为二类。一为块状者，与粗晶方解石伴生而溶蚀之。另一种则为完整之晶体，产生于砾岩之圆形空隙中，其上有石英晶体。在显微镜下，两种石榴石均甚破碎，而产生方解石、绿泥石及氧化铁等。

磷灰石：此种矿物仅见于显微镜下，为量甚微。成细小之粒，包孕于石英之中。

金红石：在显微镜下，成针状之体，包围于石英之中。

石英：本矿区内之石英，可分为数种：（一）成完整晶体，产生于空隙边际者，其生成时间略后于石榴石；（二）细粒状之石英，其中常包有绿泥石之小片，或被方解石脉所切；（三）含铁之石英，亦成晶体，包围于方解石中，其生成最迟。

黑云母：为量甚少，仅于显微镜下见之，成片状或条状，大部已变为绿泥石及阳起石。

角闪石：成纤维状，常交换石榴石，旋又变为绿泥石，故为石榴石与绿泥石变化过程中之过渡矿物。

透辉石：包蕴于方解石中，而与镜铁矿共生。

阳起石：常为放射状之柱状体集合，或成微脉，贯入于镜铁矿间，或者经变化而成绿泥石。

镜铁矿：依其性质不同可分为二类：（一）粗大之鳞片，散布于块状石榴石之间。其与石榴石、黄铁矿及方解之关系极密，显为接触变质作用之产物。（二）微小鳞片之集合体，发生于角闪石及绿泥石之后，为热液变质作用所成。

黄铁矿：黄铁矿为硫化物中最早者，与镜铁矿及方解石共生。其产生时期大部为热液变质作用期，极小一部份为接触变质作用所成。

斑铜矿:仅于显微镜下见之,常与黄铜矿共生,而受其溶蚀,或呈网状构造。

黄铜矿:在显微镜下,常见黄铜矿散布于黄铁矿中,二者同时产生,惟黄铜矿生成之时间短促耳。

辉铜矿:与黄铁矿大致同时产生,故为原生者。

蓝铜矿:为量极微,常与黄铜矿共生,与辉铜矿之关系尤密切。

绿帘石:大部为热液变质矿物,由石榴石变化而成。或成微脉,侵入于方解石解理面间。

绿泥石:由石榴石、阳起石及黑云母等经热液作用变化而成。有时成微脉,贯入镜铁矿中。

绢云母:绢云母见于二长岩之长石中,亦有交替方解石及石榴石者。

方解石:(一)粗晶体,与石榴石及镜铁矿共生,为接触变质作用所成。(二)成细粒状或脉状,充填于各种金属矿物之间,或贯穿于其中,皆为热液作用所成。其中一部份或为雨水之沉淀作用所致。

白云石:常与方解石相共生,其情形与方解石大致相同。

菱铁矿:此矿物成棕色之晶体,有时交换镜铁矿,显为热液作用后期之产物。

孔雀石:为氧化之结果,常见于矿物之表面。在显微镜下,则常与绢云母共生。

针铁矿:常成完美之晶体,与石英相并列,而组成带状以覆被于其他矿物之上。

赤铁矿及褐铁矿：二者均为氧化产物，常见于矿物空隙之内。

软锰矿及锰土：成松软之土状，附着于石榴石之表面。

高岭土：除二长岩中之长石变化而成高岭土外，在多数标本中，常见有高岭土存在，此乃风化作用之结果。

五、成因

獾子洞矿床之成，导源于二长岩侵入体。惟围岩性质不适于成矿作用，故当火成岩上侵之时仅能产生少量之镜铁矿及矽酸化合物。矽酸化合物中以石榴石为大宗，实由砾岩之石灰岩砾中得来。其后热液上升，铜铁原质随之而来，遂成镜铁矿及其他金属硫化物，同时并将原有之矽酸化合物加以变化。此热液作用，异常重要，可于矿床之形状，空隙特多，及矿物之变化情形证实之。最后又有氧化作用发生，因有炭酸化合物之细脉，及氧化物之产生。

从矿物之相互关系，可得下列事实：

（一）接触变质作用，皆限于接近火成岩侵入体之处。

（二）硫化物皆产生于距火成岩较远之处，此益可证其为热液作用所成。

根据上述事实，可以得一结论：獾子洞矿床之生成，以热液作用为主，而接触变质作用为副。

乙、其他铜矿

江宁县境铜矿，除獾子洞外，尚有定林镇及铜井二处，此次均曾往勘。

定林镇铜矿在首都东南郊距城约十余里。其地岩石为象山层砂岩,岩石表面微呈绿色,足证其中略含铜质,但无矿石露头可寻,其地质环境,实不能有良好之铜矿。

铜井镇位县西南境,与皖之当涂毗连,相传明代采铜极盛,故名铜井云。现在该镇东山中仍有废井遗迹,但绝无矿物可资证实。该处岩石为建德系火山岩,间有花岗岩侵入,在理论上非无产铜之望。然就表面情形而言,此处恐无发现大量佳矿之可能也。

## 第二章　非金属矿床

### 第一节　煤

县境煤矿,率在北向。依其地质时代言之,则十九属二叠纪之龙潭煤系。而侏罗纪象山层中,偶亦有产煤之迹。总计县境以内曾经开采者,不下十余处,皆限于质量之不佳,不克维持,目下从事采掘者,亦绝无仅有矣。

1. 幕府山区:幕府山位于首都北部,地濒大江。昔属县治,今已改隶京市。该山构造复杂,约言之则中以铁石岗背斜层为脊,其两侧各成一向斜构造。二叠纪煤系,即出露于此二向斜层之两翼。复因断层之切割,故煤层又有前后错落之象。兹就其曾经采掘之遗迹,分别述之。

华成煤矿:此矿在二台洞夏家洼间,当北部向斜层之东端,煤系东部掩没于浦口层红色砾岩之下,西端则为断层所切。其中间出露部份,计南翼长约六百公尺,北翼半之,地层几近直立。民初即经开采，首于南翼开南井二，扒窿三，均曾出煤。但质劣量少，每吨开掘成本，达二十元，所出之煤，尚不足供矿上之用。旋复在北翼开窿试探，成绩尤劣。现已停顿，耗资逾十万元。

震球煤矿（现称金陵煤矿）：铁石岗背斜之南，劳山南部，成一竖立之内斜构造，内斜轴几成铅直，故该处岩层，大都直立，以青龙灰岩为核心，而煤系及栖霞灰岩，环抱于其西南北三面。北端为一断层所经，致使煤系径与乌桐系相接。在此断层附近，数年因建造房舍，掘地得煤，遂有震球公司，集资开采。先就初次发现煤苗之处，开掘直井，旋复依山之西南麓，掘窿试探，均无结果。而所开直井，出煤甚少，质亦低劣，不克支持，遂以停顿。

此矿停顿多年，最近又有人集资数千元，于原开直井左近，开一扒窿，雇用工人十八名，分三班轮流工作，工资每月十二元至十八元不等。现每日出煤十余吨，运销南京市内，每吨售价三元余。细察其所采之煤，实为含炭略高之黑色页岩，不能单独燃烧，购者皆用以掺入佳质碎煤中，然后出售。该矿现在情形，尚可支持。惟地下旧坑相距甚近，开采稍远，势必相遇，则水患将猝然而至，届时虽欲维持现状亦不可得矣。

此外如煤炭山南麓，煤系露头甚长，昔汉冶萍公司曾经试探，以成绩不佳而罢。又幕府山中，奥陶纪石灰岩间，夹有黑色页岩一层，故亦传有煤藏，现对于其地层时代既确认为奥陶纪，则产煤之说，全属无稽矣。

2. 横山区：横山位于仙鹤门东五里，与林山、乌山相接，均为青龙灰岩所组成,三山之间,地势低洼,有龙潭煤系露头。煤系倾斜向南,倾角四十度,而林山、横山之石灰岩,则皆倾向北或东北,倾角十余度。其间显不符合。且据矿中人言,煤层向南延展,现今采煤之地,实已深入于林山石灰岩之下,煤质亦愈下愈佳。足证此处为一平缓之逆掩断层,由南向北推移。煤层位于断层面下,出露部份长约六百公尺。煤层厚度不一,厚者达一公尺以上,薄处仅具痕迹。若以平均厚度五公寸计,则距地面三百公尺以上可采之煤,不过二十五万吨而已。煤质为半无烟煤,细碎不复成块,仅足供制造煤球之用。

该矿民初即由华益公司开采。因成绩欠佳,已屡易其主,前年有华利公司集资十万元,再图开采,并于西北山口,从事试探。工作已近二年。其初在山凹中试探之井,现已废弃,另在旧井附近,再凿新井。计现有直井三,深各十丈左右,其中二井,将来可以相通,以资通风。现在仅用铅皮为管,以通空气。井下灯火向用豆油,现以价昂,改用电石。起煤汲水,均用人力绞车。每井车工六人,井上工二人,井下工二人。日分三班,每八小时轮换一次。现计工人共百名左右,每人每班工资,车工四角,井下工七八角。每日出煤约十余吨,每吨成本约七元,将来产量可望略增,成本或可稍减。矿中之煤,用牲口运至西流镇转装汽车运京,每吨其价约十元,略有盈余。目下情况,尚可支持。若欲加以扩充,恐为事实所不许。

3. 汤水北区:汤山背斜层之北翼,空山、次山、狼山之北,皆有二叠纪煤系出露,西部走向北东东至南西西,东部则渐成东西向,倾角甚陡,几近直立。计自坟头附近起以达句容县界,东西延长达十余里,其间屡为横断断层所经,故不相连续。而狼山以东,火成岩侵入体甚多,煤系受其影响太深。据采掘结果,谓煤槽共有二层,上槽极薄,不能开采,下槽厚处,有达二公尺者。煤质为半无烟煤,宁兴公司分析结果如下:

|  | 水 | 挥发分 | 炭 | 灰 | 硫 | 热力 |
|---|---|---|---|---|---|---|
| 方冲 | 0.9 | 14.00 | 69.70 | 16.70 | 2.57 | 13.04 |
| 圆山 | 0.6 | 9.10 | 74.55 | 15.71 | —— | —— |

该地矿业,十余年前即有宁兴公司集资开采。一处在狼山北麓之方冲,曾开一井,深二百尺,因出煤质量均劣,而断层及火成岩又满布其间,兼之水患难治,即行中止。另一处在圆少山,曾开斜井二,亦因断层甚多,开掘不易而罢。至今多年,未能复业。方冲锅炉,最近始行拆去。昔年规模之大,当为南京近郊之擘,惜天赋有限,非人力所能强致也。

4. 青龙黄龙区:青龙山北起坟头,西南迄淳化镇附近,煤系延长达二十公里,与前述之汤水北区相衔接。地层倾角甚陡,有为直立者,其间复为横断断层所切,因有前后错落之现象。煤层属二叠纪,其层次及质量情形均与前述者相似。

此区煤矿亦经开采,凳子山麓废坑甚多,皆民初开掘之迹。近来仍有人以土法开掘,惟成绩不佳,作辍不常,无矿业可言。中部象山东麓,曾有天宝公司,从事开采,现已废弃多年,仅存断垣荒草而已,盖此间适当断层丛集之处,故地下情形,当更不利也。

淳化镇东北之娘娘凹一带,亦有龙潭煤系出露,并有土窑遗迹可寻,该处当汤山外斜之南翼,局势甚小。其情形更不及青龙山远甚。

此外如栖霞山西麓,亦有煤矿遗迹。总计江宁境内,采煤旧井,何啻数十,试探之工,不谓不周,而迄无成效。推原其故,厥有数端。一曰煤质低劣。县境产煤,多为半无烟质,细碎不纯,热力不强,仅足供家庭燃烧之用,有时竟须与佳煤掺和方能应市。二曰蕴量贫瘠。县境以内,煤田分布不谓不广,然煤层厚薄不匀,开采之资本遂巨,虽处地利之胜,亦绝不能与远来之煤相抗衡。考长江以南,产煤之区,当推长兴煤田及宣泾煤田,此二处煤藏之产生时期及地质环境,与江宁之煤田初无二致,而煤层之多寡,各层之厚薄,相差天壤,天赋如此,非可强求也。三曰地质构造之复杂。宁镇间地质构造,为科学上极有兴趣之问题。褶曲既甚,岩层因多直立,断层复多,露头遂以错乱。煤层间夹于岩层之间,亦遂尽其参错零落之致,而采矿者之困难遂多。加以潜水难治,开采遂鲜成效。地质环境如斯,从事此业者惟有谨慎从事,则纵无成功,所失尚少。设或希望过奢,则其失望必更甚也。

## 第二节　磨石

磨石种类,本无一定,凡岩石之颗粒均匀,质地坚固者,均足供制磨之用。本县所产磨石,则均为侏罗纪之象山砂岩。此种砂岩,性质坚韧。其中砂粒,全为石英,以矽质及泥质胶合之,且层次甚厚,易得巨块。以之制磨,尤称上品。其分布地带,以北向栖霞山迤南一带为多。而县治以南诸山,则除火成岩外,几全为象山层之领域。

栖霞山北滨大江,交通便利,磨石之开采亦最盛。其西北坡间,石工终年不息。其南之中山、象山,新旧石坑,亦随在可见。由此南至丁山,仍偶有开采者,惟离江稍远,运输困难,其盛况自远游于栖霞。县境南部,交通困难,笨重石料,极难运出。故开采事业,未见发达。然小丹阳西北之太平山东麓及牛首山东南之司徒村附近,废坑极多,他如谢村南之百灵矶,及横溪桥南之西山、杨山,亦时有采取,除为制磨石外,亦可供建筑之用,总计大江南北,民间磨石,仰给于江宁者,为量当非甚尠也。

## 第三节　石灰岩

石灰岩之用甚广,凡土木工程所用之石灰、水泥以及大块石料,大都取材于是。县境东北,产石灰岩甚多。其地质时代最古者如奥陶纪之仑山灰岩,次之为石岩纪之黄龙灰岩,二叠纪之船山灰岩及栖霞灰岩,以及三叠纪之青龙灰岩,分布皆甚广袤。其性质既有不同,用途亦自各异,兹分别论之。

1. 建筑石料:石灰岩之用为建筑材料者,坚固不及花岗岩,美丽次于大理石。然首都附近,大理岩质粗而松,不甚坚固,花岗岩风化极深,不堪使用。惟石灰岩分布最广。自奥陶纪以至三叠纪,各种石灰岩,除栖霞灰岩含燧石太多,及一部份青龙灰岩,层次太薄,不能应用外,皆为建筑之良材。当昔交通未畅之时,南京建筑石料,皆取给于东郊之石灰岩,坟头村东北大石碑附近之明代石坑,广达数十丈,昔年开采之盛,于此可见。近年因水泥之用日广,而远省佳质石材,亦因交通之发展,而充斥于市场。县境石炭石事业,颇受影响。惟青龙山西南部之石灰岩,层次整齐,开采便捷,价值亦廉,开采仍盛。山西有村曰窦村,居民百家,全为石工。其西之沧波门则仍为县市石业汇萃之地。

2. 石灰:制石灰之原料,应以石灰岩之性质纯净,且成大块者为佳。境内石灰岩中,奥陶石灰岩含镁甚多,栖霞石灰岩中夹燧石,青龙石灰岩层次过薄,金陵石灰岩及和州石灰岩质既不佳,分布尤散,均不适用。惟黄龙灰岩及船山灰岩,品质较佳。然船山石灰岩,分布较少,故可供制灰用者,仅黄龙石灰岩一种而已。县境内黄龙石灰岩之分布,以青龙山为最多,故淳化镇以至坟头村十余里间,石坑相望,窑舍林立,为制灰事业最盛之处。坟头以东以及大连山附近,虽亦多黄龙石灰岩出露,因交通不便,故开采较少。首都和平门外,亦有灰窑,惟石灰岩分布不广,故石灰之产量亦较少。

3. 水泥:水泥之制造,以石灰岩为主要原料,而黄龙石灰岩尤适于制造水泥之用。县境以内尚未有水泥厂之设立。近闻栖霞山麓,有设厂之议,该处交通虽便而取材较远,其地位似逊于句容县之龙潭镇也。

## 第四节　砖瓦事业

民国廿六年七月鼐参加江宁地质调查完毕后,复奉李主任命,对于南京附近之砖瓦事业加以调查。一方面固因其与地质有密切之关系,而一方面亦可供关心京市工业者参考焉。南京自国府奠都以后①，建设事业突飞猛进，致所需之砖瓦难以数计。同时京市附近下蜀系黏土极为发育，此为制造砖瓦之良好原料。一因需要加多，再因原料丰富，故四五年之间京市附近之砖瓦厂增加甚多，大有雨后春笋之势。其所在地点，多密集于和平门及中华门外，附近因其交通及原料供给两相便利也。著者开始调查时，距八一三事变仅十余日，故工作未及三分之二，敌机已开始至京市扰袭，致工友星散，工厂停闭，无法将调查工作完成，甚以为憾。尤有言者，此等工厂，或被毁于炮火，或暂为敌人所资用，其中能安全迁移于后方者，恐十不及一，此实令人可惜而又可恨者也。兹将已调查之七家，列述其概况于后：

**（一）金城砖瓦公司**

地址——制造厂设于板桥镇附近之兔耳矶，另有事务所于城内中正路。

沿革及资本——民国十七年开始筹备，二十年开工，迄今已七年之久。资本二十余万，系集股创办，董事长为钱芝梅君。

设备——长圆形德式机器窑一座（共 34 门），圆土窑六个，方土窑十个，造砖及瓦之机器两套，抽水机一架，干瓦间六间，办公室及工人住所。

窑之容量——机器窑中每窑可装砖 11000 块，圆土窑大者可装砖 30000 块，方土塞系专用烧瓦者，能装 3000 片。

---

① 本报告为抗战前所作。

烧砖手续：

1. 土法：先由人工制作土坯,置于露天晒干之,装入窑内,烧四五日后,即陆续印水,约二日夜即停火,冷五六日后即成。如烧红砖,则不必印水。烧瓦只须一星期即可。

2. 机器：先由机器制作土坯,晒干后,入窑开火一日夜即成。机器窑中共有 34 窑,每窑有风门、窑门及加煤处。每日装两窑土坯,出两窑砖。故每十七日一次轮回。此种窑虽手续简快,但只能烧红砖,而不能烧青砖是其缺点。

出品种类：有红砖、青砖、青瓦、空心砖等四种,砖之大小为 9.2 吋 ×4.5 吋 ×2.5 吋。

产额：每月平均产砖约六十万块,瓦约十二万片。

运输及销路：砖瓦制成后,用驳船运至下关,销于京市各处。

原料及燃料：土法制砖所用之原料,为江土或距地面三尺以下之田土。机器制砖则用山土( 即下蜀系黏土 ),所用之燃料为烟煤,系中兴或华东公司出产,由南京城内购来。机器窑每日两门约需二吨。圆形土窑每烧砖一次需十二吨,方形土窑每烧瓦一次约需二吨半。

工人：现有二百人左右,皆系包工制,公司方面备有宿舍。

**（二）京华砖瓦公司**

地址：制造厂设于西善桥,另有事务所于城内青石街 15 号。

沿革及资本：民国十九年开办,资本五万元,系集股创办,董事长为王春先君。

设备:德式机器窑一座(共十八门),烧砖土窑八个,为圆形。烧瓦土窑四个,其中三个为圆形,一为马蹄形。造砖机器乙套,水塔乙座及干瓦间,办公室及职员工人住宅等。

窑之容量:机器窑中每门可装砖9000块左右,土砖大者可装砖50000块,小者约30000块瓦窑约3000片。

烧砖手续:

1. 土法:先以人工(每人每日约制500—700块)或机器(每日两万)制成土坯后,阴干一星期或晒干四日后,装入窑内,烧十一二日后,陆续印水三四日,以纸探之,须不湿不着火即成,停火后俟冷二三日后即成,烧瓦只须六日左右。

2. 机器:砖入窑后,开火一日夜即成,此窑共十八门,每日出窑两门,装窑两门,故九日一轮回。

出品种类:有红砖、青砖、青瓦、黑瓦等四种。砖之大小与金城公司相同。

产额:每月平均产红砖五十万至七十万块,青砖约五十万块,瓦约三十万片。

运输及销路:公司有自备大卡车两辆,沿京芜公路运往南京,或由水道用木船运至通济门。

价值:红砖每万约售一百七十八元,青砖每万则售二百四十元,瓦每片约值一角左右。

原料及燃料:原料有山土(下蜀系黏土)、田土及河土三种。由山土制成之坯必须阴干,又称阴坯。由田土及河土制成之坯必须晒干,故又称晒坯。阴干需十日左右,晒干三四日即可。所用之燃料为烟煤,系中兴、泰山、淮南等公司出品。机器窑每日需二吨,土窑每万红砖需二吨,每万青砖则需五吨左右,如烧黑砖则用芦柴为燃料,每窑每次约需一百担左右。

工人:约三百人,分雇工及包工两种,雇工每日四角,窑师八角,每日工作十小时。包工每制砖阴坯10000块十八元。晒坯每10000块十五元。运工每万约二元至三元。和泥每万块工资三元。公司备有房屋,以备工人住宿。至办事职员仅有四人,因烧砖各部皆有工头负责也。

### (三)天津窑厂

地址:厂设和平门迈皋桥镇。

沿革及资本:民国二十二年开工,资本五万元,系由天津广发砖瓦公司所分设,董事长为韩岐山君。

设备:德式机器窑一座(共十门),圆形土窑四个,造砖柴油引擎两具,一为一一○匹马力,一为五○匹马力,房屋甚多,占地亦广。

窑之容量:机器窑中每门可装砖25000块,土窑约30000块。

烧砖手续:以人工(每人每日1800块左右)或机器(每日一万)制成土坯,阴干十日或晒干七日后,装入窑内。土窑须烧十日,印水四日,冷一二日即成。机器窑只烧一日夜,每日可出窑一门半,故六七日一轮回。

出品种类:青砖及红砖两种,砖之大小亦有两种:一为10(长)×5(宽)×2(厚)寸,一为10×5×2.5寸。

产额:每月平均产砖一百一十万块,但每年只开工九月。

运输及销路:公司有自备大卡车四辆,专做运砖至城内之用。

价值:砖 $10 \times 5 \times 2$ 寸者每万一〇〇元。$10 \times 5 \times 2.5$ 寸者每万一四〇元。青砖 $10 \times 5 \times 2$ 寸者每万一二〇元。$10 \times 5 \times 2.5$ 寸者每万 $190-200$ 元。

原料及燃料:原料为下蜀系黏土及燕子矶江边之细砂。所用之燃料,系烟煤为华东公司出品,每吨十二元。机器窑每日需三吨,土窑每烧一次约需二十吨。

工人:约二百人,分雇工及包工两种。雇工分数等,烧窑者每月十六元至十八元,装窑者每月十二元,普通小工每月五元六元七元不等。每日工作十小时,并供膳宿。包工多系制坯工人,每做一万块,六元五角。公司职员共五人,月薪高者五十元,低者二十元。

## (四)宏业砖瓦公司

地址:制造厂设于和平门外黄家圩,另有办事处于城内新街口东中山路。

沿革及资本:民国二十二年开办,资本三十万元,系集股创办,董事长为王佑霖君。

设备:一五〇匹马力柴油发动机乙具,制砖机两架,制瓦机两架,打水机乙具,德式机器窑一座(共三十四门),土窑烧砖者十五座,其中十二座为马蹄式,三座为圆式,烧瓦者为方形,共十六座。其他尚有办公室、宿舍、干瓦间等房屋甚多。占地约四百亩。

窑之容量:机器窑中每门可装砖一万块,马路式土窑可装两万块,圆式者最大可装五万至七万块,瓦窑约三千块左右。

瓦窑手续:

1. 土法:先以人工(每人每日约装五百块)或机器(每日每架约五万,共十万块)阴干二星期后,即装入窑内,烧五昼夜,印水三日,后冷二三日即成,故一月可出三次。如系烧瓦,则土坯制好后置房内三四日后,再移置户外阴干,一星期即可入窑,烧三日,印水一二日即成,共须一星期左右,故每月可出四次。

2. 机器:砖入窑后,开火一日夜即成,此窑共卅四门,每日可出四门,约八九日一轮回。

出品种类:青瓦、红砖、青砖、空心砖等四种,砖之大小为 $9.3 \times 4.3 \times 2.5$ 寸。

产额:每月平均产砖百五十万块,瓦约十万片左右。

运输及销路:公司有自备大卡车四辆,专做运送之用,销路限于南京城内。

价值:红砖(由机窑制成)每万值洋 150–160 元。青砖(每土窑制成)每万值洋 190–200 元。青瓦每片约七分。以上运费均在外。

原料及燃料:原料为下蜀系黏土。燃料则为烟煤系贾汪、中兴、淮南及华东等公司出品,以用华东公司为最多。机窑每日需六吨。土窑则每烧一次约需十吨。

工人:约六百人,每日工资四角至六角不等,每日工作十小时。供宿不供膳,厂中除设一厂长(属于经理)外,尚有职员十人。

### （五）义和东砖瓦公司

地址：制造厂设于和平门外东门村，另有办事处于城内新街口国货银行四楼。

沿革及资本：民国十七年筹备，十九年开办，系由济南总公司所分设。资本十万元，乃集股而成，董事长为孙修五君。

设备：六〇匹马力柴油引擎一具，制砖机及制瓦机各一，打水机乙架。大小土窑共卅八个，占地二百余亩。其他尚有轻便铁道、自来水管及房屋等。

窑之容量：大窑 24 个系烧砖者，每窑可容 30000 块，小窑十四个系烧瓦者，每窑可容 2500 片。

烧砖手续：机器（每日可造两万）或人工制成之土坯，阴干或晒干后装入窑内烧四昼夜后，印水 75 小时（如烧红砖不印水），俟冷即成，共须十日左右。烧瓦手续为由机器（每日可造四五千）或人工制成之土坯置房间内阴干三星期后，再移置户外阴干一星期，即可入窑，烧 75 小时，印水 50 小时，即成，故烧一窑瓦约须七日左右。

出品种类：红砖、青砖、青瓦三种。砖之大小有两种：（1）$10 \times 5 \times 2$ 寸；（2）$10 \times 5 \times 2.5$ 寸。瓦之大小为 $12.5 \times 8.5$ 寸。

产额：每月平均产砖二百万块，瓦七万片左右。

运输及销路：有自备卡车七辆，专做运输至城内用。

价值：青砖人工制者，（$10 \times 5 \times 2$ 寸）每万 160 元。机制者（$10 \times 5 \times 2.5$）每万 200 元。红砖较为便宜。青瓦每块七分。

原料及燃料：原料为附近之下蜀系黏土，但开辟后一年后始能应用,砂系由燕子矶运来。燃料为烟煤,系中兴、华东及泰山等公司出品。烧砖每窑每次约需 15 吨。烧瓦每窑每次约需 5 吨。

工人:约 600 人,雇工每月 20—30 元不等,每日工作十小时,并供膳宿。包工系做土坯之工人,每制 10000 块,洋二十五元。

### (六)石城烧砖厂

地址:方山洪林村东。

沿革及资本:民国二十六年四月开办,系上海长城砖瓦公司分设,厂长为吴家泽君,资本数万元。

设备:土窑十六座,轻便铁道及工人住所。

窑之容量:每窑可容砖 32000 块左右。

烧砖手续:人工制成土坯后,阴干十日至十五日后,即入窑烧四日半,然后陆续印水二日(印水时用小火),冷一日半即成。青砖不印水则成红砖。

出品种类:青砖及红砖,砖之大小为 8×4×2 寸。

产额:每月平均产砖一百五十万块左右。

销路:专供交辎学校建筑校舍用。

价值:每万块 110 元。

原料及燃料:原料为附近之下蜀系黏土及七里洲之细砂。燃料则用泰山统煤,每万砖约需四吨。

工人:约三百人,雇工制为窑师每日七角,烧工五角。包工制为制造土坯每万块十三元。入窑及出窑搬费每万块七元。厂方备有宿舍。

### （七）黄达记制砖厂

地址：和平门外，迈皋桥佘儿冈。

沿革及资本：民国二十一在西善桥开工，民国廿三年移此继续开工，资本数万元，系集股创办。董事长为黄梅村君。

设备：圆式土窑六个，马蹄式四个。

窑之容量：六窑能容砖 60000 块，小窑 20000–30000 块左右。

烧砖手续：以人工制成土坯（每日四五百）阴干约二星期后，装入窑中烧之，大窑烧十五日夜，印水约五日，小窑烧四日夜，印水四日，冷后即成，故大窑每烧一次需 25 日，小窑约需 10 日左右。

出品种类：青砖，大小有二种，一为 12×5×2 寸，一为 12×5×2.5 寸。

产额：该厂因每年只开工六月（四月至九月），每月约产 200000 块。

运输及销路：由卡车（临时雇用）运至南京城内。

价值：10×5×2 寸青砖每万 140–150 元。10×5×2.5 寸者每万 190–200 元。（运费在内）

原料及燃料：原料为下蜀系黏土及燕子矶之细砂，燃料则为烟煤，多系华东、淮南及泰山等公司出品，大窑每烧一次约需 20 吨。小窑约 13–15 吨。

工人：共 10 人，每月工资十余元，制土坯者系包工，每万六元半。厂方并供宿舍。

# 附录一　雨花台砾石层之商讨

雨花台砾石层,在调查区域内之分布地点,为中华门外雨花台、安德门之石子岗及方山等处。下与赤山砂岩层成不整合之接触,其上有为玄武岩所盖,有为下蜀系所掩,亦有暴露在空中,而上无覆盖者。从前将各地之砾石层,均谓之雨花台层,自博尔巴南京之地文[①]一书出版后,将从雨花台层分而为二,在方山者名方山砾石( Fangshan Gravels ),属渐新统( Oligocene ),在雨花台者,仍谓之雨花台层。属上新统( Pliocene )谢家荣先生之《中国铁矿志》[②]内言雨花台层之时代,较方山砾石与玄武岩为新,其理由谓玄武岩之喷发,雨花台层未受影响而仍为水平状态,又雨花台层内之玛瑙石子,来自玄武岩中之玛瑙脉中也。研竟现在各地所见之雨花台层,是否为同一地层,其时代是否相同,又是否较玄武岩为新,均有讨论之价值,兹就此次调查所见,虽范围不广,亦不无足述,书之于后,以供参考。

## 一、方山砾石层

方山砾石层,下与赤山砂岩层,成不整合之接触,上为火

---

[①]　G.B, Barbour Geomorphology of the Nanking area, 中央研究院地质研究所丛刊第三号。

[②]　谢家荣, 扬子江下游中国铁矿志。

山砾石、火山弹及玄武岩所盖,其中有玄武岩之侵入成片状,厚仅数公厘作黑绿色,内中砾石分布不匀,大小不一,大者达十余公分,小者一二公分。砾石之种类有建德系之火成岩、侏罗纪之石英岩等,其来源当即取之附近诸山。因方山附近建德系与侏罗纪之岩石甚丰富,其时代当较玄武岩为早,毫无疑问。惟玄武岩喷出时,方山砾石层仍为平缓状态,并未受其影响而陵乱也。

## 二、雨花台与安德门石子岗之雨花台砾石层

二处之雨花台砾石层,均甚平缓,其下均与赤山砂岩层成不整合之接触,与方山所见者同。其上无玄武岩掩覆。但张更氏在雨花台西南一谷内,见有极大之玄武岩数块,重量若干,不可计算,如是在雨花台附近亦有玄武岩,惟不如在方山者之多耳。其中砾石以石英岩、石英及玛瑙为多,建德系之火成岩甚少。砾石之大小,较方山所见者为小,大者约七八公分,小者约一二公分。

二地雨花台砾石之来源,当亦取诸附近诸山。该处一带之露头,以属侏罗纪者为多,属建德系者甚少,故其中砾石亦以前者较多,而后者较少。至于其中之玛瑙,谢家荣先生谓来自玄武岩中之玛瑙脉,前已言之。惟吾等在调查区域内,所见之玄武岩,并未含有玛瑙脉,其杏仁状内之矿物,为泡沸石及方解石等。雨花台中之玛瑙恐另有其来源。该处一带之铁矿,如牛首山、秣陵关等处,常有玛瑙、燧石等矿物甚多,经侵融与碎裂之结果,与其他岩石之碎块相聚而成为雨花台砾石

层。玛瑙之来源殆即由此。至玄武岩之喷发，未变凌乱之状者，亦有其故，因喷出岩之喷发，本有平静与爆发二种，玄武岩流本属平静一种，即有喷发，爆裂不剧，若雨花台层，离其喷出地面之点较远，则更可平静。故雨花台仍能保持其平缓状态，一如在方山所见者之情形也。

## 结　论

方山砾石层，在玄武岩之下，中有玄武岩浆之侵入，其时代在玄武岩之后，毫无问题。至于雨花台之砾石层之时期，较难确定。其下虽亦与赤山层相接触，但上与玄武岩少直接之关系。其内含砾石与方山所见者亦不相同。因之疑其地质时代较方山砾石层为新者。但谢家荣先生所举之证据，似嫌不足。据吾等调查所得之结果，雨花台砾石与方山砾石层为同一时期，均较玄武岩流为老。至于内含石子之不同，为来源各异所致。在同一时期之地层，而有不同之物质，是为可能之事。至于方山砾石层之名称仍可保留，以示内含物质不同于雨花砾石层也。

二十六年夏，中央大学地质系孙鼐先生领率学生数人赴江苏六合县灵岩山实习岩石，据云灵岩山顶部为玄武岩，中为砾石层，下为赤山层。中间之砾石层与雨花台所见者同，含玛瑙石子甚多，乡人论斤出售。南京雨花台所售之美丽石子，大部份来自灵岩山也。按灵岩山地点不在本报告调查之内，今引用之，以证明雨花台之砾石层之上，亦有玄武岩，其时代比玄武岩为早，而与方山砾石层为同时之产物也甚明。

# 附录二 江宁县及其附近土壤简报

## 一、绪言

二十三年秋,江宁自治实验县委托中央大学地质系调查全境地质。萧奉系派,参与工作,于调查地质之余,对于境内土壤情形亦稍加注意,惟因限于时间,故所采集之标本,为数不多,且采集地点,每视地质工作为转移,不能如意选择,又未能逐步勘测,今书此简短报告,聊供日后之参考耳。

此次调查承吾师李宇洁先生详细指教,报告完成后又蒙吾师郑厚怀先生细心校阅,特志数语,以表感谢。

## 二、本区概况

(甲)位置:本区位于东经一百一十八度三十分至一百一十九度八分,北纬三十一度四十分至三十二度十五分之间,居江苏省之西南部,与安徽省之当涂县相连接。东临句容,南界溧水,西北则滨长江,全境东西略狭,南北稍长,原有面积二千一百九十八平方公里,但一部分土地已划入南京市范围,现有面积,约为一千七百四十平方公里。

(乙)地形及河流:本区拔海高度,大部在四十公尺上下,全境丘陵起伏,差异殊大,境之东北部,为宁镇山脉之西段,包有汤山、黄龙、青龙、大连诸山,岗峦起伏,蔓延殊广,走向大致东北西南,拔海高度,约在二百公尺与三百公尺之间,南京城东之钟山,高约四百六十公尺,为调查境内之最高峰,本区之西南部则有牛首、祖唐、观音、云台诸峰,高度多在三百公尺上下,南尽处则为西横山及铜山,方山则孑然耸立于中部平原之上,高约二百二十公尺。顶部成一广大之平台,此为六合溧水及江北各地诸平台形小山,同为渐新统纪之玄武岩流所淹之遗迹也。

秦淮河为本区主流,发源于西南山地,汇集北流绕城而入大江,沿河及其支流之两岸,皆为广大之平原,土壤含水分充足,农作颇宜,人烟稠密。屋宇栉比,俨然一商业之集中地也。

(丙)地质:本区境内之地质依此次探勘之结果,其地层上自古生代之奥陶纪层起,经中生代而至近生代,各纪地层,约略齐备,几代表中国南系地层之全部,其中尤以志留泥盆纪及下侏罗纪之砂岩,砾岩及页岩层分布最广,下石炭纪之金陵灰岩及和州灰岩分布最少,有时几不存在,花岗斑岩及其他酸性斑岩多见于县境之东北部,而闪长岩、中性玢岩及安山岩等则多散见于西南部,玄武岩仅方山近顶部有之,境内较低土岗及高约三四十公尺之丘陵,皆为上新统之下蜀系黄色土壤所沉积而成,至江边一带及秦淮河两岸之平原,色泽灰棕者,多属新冲积物。

(丁)水利:本区灌溉除江边及秦淮河沿岸之地,得引用江河水外,其他较高之地,则多挖掘泥塘,以资蓄水,其深不及丈,故遇天久不雨时,即行干枯,既不能收灌溉之利,又不克畅宣泄之路，因此农作物无前者之繁盛，如谋补救，最好利用人工，多凿水井，以资灌溉，因境内地质，以砂岩及页岩层等为主要，前已言之，此种砂岩为最佳之蓄水层，而页岩为不透水层且潜水面较高，故凿井取水，实甚便利也。

（戊）交通：本区境内一切交通建设，近年来突飞猛进，公路纵横，长途汽车四达，甚为便利，今京芜铁路，敷轨完成，业已通车，旅客往来，货物运输，益形便利，其中仅有少数地方，因道路尚未开辟，至运负货物，仍以驴马为主，河道除秦淮河夏日可航外，余时因存水过浅，无俾运输。

（己）人口：江宁县属原有十区二百九十五乡镇，现因一部划入京市范围，故已减为八十八乡镇，人口已较以往为少，总数共约三十余万人，其中以秦淮河两岸及沿江边一带人口最密，平均每方公里约在四百与六百之间，至丘陵之区则多在二百以下，本区居民多务农为业，惟区内因人口过剩，生产不足，致有一部分平民，赖凿石为生，此外亦有利用灰岩及泥土以制石灰及砖瓦者。

（庚）气候：本区气候状况，中央研究院气象研究所已有精确之统计，其温度每年平均为摄氏十五·三度，中以七八两月为最热，十二及一月两月为最冷，最高温度为摄氏四十二度，最低则达零下六七度。雨量以每年六七两月为最丰，平均全年约在一千公厘以上。

（辛）农业：农作方法，纯用旧式，未加改良，农产物以籼稻、小麦、豆类、高粱、番薯及玉蜀黍等为最普通，其中尤以籼稻为主要，籼稻成长期较短，且较粳稻耐旱，故又名早稻，普通于清明谷雨间下种,立夏小满间插秧,白露秋分前后即可收获,菜蔬如蚕豆、豌豆、白菜、莱菔、菠菜、莴苣及葱蒜等皆有,家畜以驴、骡、牛、豕等为多,鸡、鸭、鹅等亦甚普遍,肥料以兽肥为主,青肥次之,至化学肥料,则尚无人应用。

# 三、土壤

(甲)种类:本区土壤,就成因而言,可分为两大类,就组织及颜色而言,可分为五种,兹列举如下:

(1)冲积土:

1. 砂质粘壤土

(2)灰色土:

2. 砾石夹黄色土

3. 黄色土

4. 暗红色土

5. 红色土

(乙)质地

1. 砂质粘壤土:此种土壤在田间多为淡棕灰色,当润湿时则为淡棕色,或稍暗,其表层为粉砂壤土,厚度不定,心土则为轻细砂壤、壤土及壤黏土数种,其分布皆在河流两岸或干沟两旁,多在低平之地,且蓄水之力甚强,土质最为肥美,故颇适于农作,为籼稻之最适宜区域,境内所有圩田及一部较低之山田,尽属此土。

2. 砾石夹黄色土:此种土壤,因稍含铁质,故为浅红以至深红色或带黄,其表面多为砂土及细砾石,下层则为砾石及岩石碎块,其分布地点,多沿山坡或山麓附近,对于耕种,颇不适宜,只能种植树木,一方面利用造林,一方面用以防止洗刷,故西南部大山及牛首山一带,松栎极多,然大部分仍牛山濯濯,一遇暴雨,水流甚急,低凹区域,常受灾害也。

3. 黄色土:色淡黄至橙黄,其表面含细砂较多,湿时亦不甚粘,故为细砂壤土,其下部则有时间杂细砂砾,上下层土无甚差别,不过上层土因经耕作及风化之关系,浸湿后颜色较下部稍深耳,此种土壤多弥布山麓或土丘四围,范围较广,此土壤多利用种植麦类,其他五谷以及纤维作物棉花等亦有,尚有数处,果木生长极多,如淳化镇之西北部,此种实业如加以改良,增加销路,定能推广也。黄色土之正式土壤,以见于南京挹江门附近者最为清晰,厚度达四五十公尺,质地纯粹,土壤边面,大都直立,至柱状结构,则并不显著。

4. 暗红色土:面之土作暗红色,大都为壤土及粘壤土,多含细砂,用盐酸试土时,起微小之泡沸,下层几尽为粘壤土,其分布地点,多在地势略高之地,石灰岩地层附近,是以水之供给常缺,耕作稍逊,仅能种植杂谷蔬菜及饲草而已。

5. 红色土:此种土壤,为鲜红色,剖面常有发育之层次,其上层经耕作后,常为褐红色。表层大部为砂壤土,以盐酸试之则发泡,示含有多量之炭酸物,底层则为石质砂土,其分布区域不广,仅散见于本区之中部方山山麓及其附近丘陵,东北部有时亦可见之,质地疏松,蓄水力不强,且分布位置较高,通常在距平地二三十公尺以上,是以用于农事者,极为稀少。

（丙）成因：原生岩石之种类与性质，地形之高低，气候之变迁，雨水之侵蚀，生育之作用，发育之程序以及其他地质上之关系，皆可影响于土壤之生成，故土壤与地质及气候地形等之关系，甚为密切也，本区全境丘陵起伏极不一致，与江南苏常一带，沃野平原，一望无涯者，迥然不同，就土壤之分布而言，亦莫不随地形与岩石性质为转移，兹将生成原因一一述之如下：

（1）冲积土：1. 砂质粘壤土：此类土壤，系山近代河流，冲积而成，故分布地位皆为低地平谷，与排水良好之地，若就时代言之，则为最新之产品也。

（2）灰色土：此类土壤，系在湿度不足，半干旱之气候下造成者，就其组织及颜色而言，又可分为下列数种：

2. 砾石夹黄色土：此种土壤，来源复杂，简言之乃岩石受粗浅之风化后，外部皆变化而成砂泥，中杂未经风化之岩石碎块，搬移不远与风积之黄色土相混而成，多集中于山麓及深沟中，故砾石之棱角，尚能保存也。

3. 黄色土：此种土壤，前人多以为系黄土层，然依此次所见，则知并不相同，如黄土经雨水之冲刷及河流之侵蚀，多成特殊之壁立状，此则除一二点及经人工开掘地界外，大致为缓坡丘陵，此种土壤性质及其颜色，似与我国北部三门系红土层相当，黄色土材料之来源，必非当地所有，而材料之运输，必借风力，其停积时必遍盖各地，后经雨水之冲洗，致大部流存于低洼之地方，故现时所见之黄色土，有存于山之顶部者；有存于较低之平地者，后者每较前者为厚，有时可达三四十公尺。

4. 暗红色土：此种土壤，系由境内各种不同性质之石灰岩层风化而成，如石灰岩不甚纯粹，则经风化后，其层面往往有不能溶解之残余物如铁质、黏土及燧石等覆载于未风化之岩石上，此种情形，在栖霞山、大连山等之山坡及山麓附近，皆可见之。

5. 红色土：此种土壤系自赤山层之红砂岩变化而成，因受原生岩石之影响，故亦呈鲜红色，分布地位，多在山腹丘陵之区，以赤山层山岭附近为最发育，湿时疏松，干则坚硬如石，故就成因言，当系受风化未深，尚未达于真正土壤之境也。

（丁）分布：本区域内，因山地甚多，峰峦起伏，蔓延殊广，故土壤之分布不得不随地形为转移，兹将其分布情形，分述于后：

（1）冲积土：1. 砂质粘壤土：此类土壤大部分布于秦淮河两岸及江边平原，即本区之中部、西北部及东南部等地，占全面积百分之四十，占全区耕地面积百分之七十以上，为本区内最重要之土壤。

（2）灰色土：

2. 砾石夹黄色土：此种土壤，多分布于地势高峻之处，或山坡及山麓之四周，系剩余土之一种，土层甚薄，几露石顶，占全面积约百分之十五，占耕地总面积百分之三。

3. 黄色土：分布较广，本区之东部、东北部、中部及西南部皆有，介于砾石夹黄色土、红色土及最低之砂质粘壤土之间,或为平岗,或为土丘,土层厚度,至不一律,常随地形高低而变,大约从数公尺至四十公尺左右,此种土壤占全面积百分之二十五,占耕地总面积约百分之二十,其重要仅次于砂质粘壤土。

4. 暗红色土:其分布地点仅限于有石灰岩层山岭之附近,即本区之东北部,多弥布于山麓,间有上侵山坡者,此种土壤占全面积仅百分之二,占耕地全面积百分之四。

5. 红色土:分布地点,以本区之中部偏东为多,皆为丘陵之地,如方山麓及其附近之高岗皆属之,范围不广,约占总面积百分之一·五,占耕地总面积百分之三。

(戊)分析:土壤分析,于土壤研究,极关重要,盖土壤之成分多寡,土质粗细,与研究土壤成因及土壤性质有密切之关系也。

(1)化学分析:本区域内各种土壤之化学成分,因时间短促,仅及表土,而于各底层,则未能一一加以分析,兹将分析结果,开列于下,以资比较。

| 种类 | 地点 | 烧失水分 | 矽氧二 | 铝二氧三 | 铁二氧三 | 铁氧 | 镁氧 | 钙氧 | 钾二氧 | 钠二氧 | 总计 |
|---|---|---|---|---|---|---|---|---|---|---|---|
| 砂货粘壤土 | 东山镇 | 5.06 | 68.10 | 16.23 | 2.30 | 1.56 | 2.25 | 2.50 | 1.46 | 1.54 | 100.00 |
| 黄色土 | 挹江门 | 4.10 | 74.95 | 10.60 | 2.60 | 1.41 | 1.08 | 2.04 | 1.65 | 1.48 | 100.20 |
| 黄色土 | 西铺街徐驸村东 | 4.04 | 74.65 | 5.50 | 3.74 | 0.71 | 2.43 | 4.18 | 2.15 | 2.63 | 99.73 |
| 黄色土 | 东山镇 | 4.30 | 79.42 | 4.20 | 2.04 | 1.41 | 1.05 | 3.24 | 1.55 | 1.58 | 99.19 |
| 红色土 | 陶吴镇南 | 3.68 | 73.02 | 4.65 | 4.64 | 1.63 | 1.97 | 8.03 | 1.22 | 1.56 | 100.40 |
| 暗红色土 | 汤山 | 2.98 | 73.83 | 5.60 | 5.50 | 1.36 | 1.50 | 5.58 | 2.23 | 1.98 | 100.00 |

（2）机械分析：所采土壤标本，其土质之粗细，经分析者共有五种，兹列表于下：

| 土类 | 地点 | 粒径在0.65公厘以上者 | 粒径在0.44公厘至0.65公厘之间者 | 粒径在0.325公厘至0.44公厘之间者 | 粒径在0.26公厘至0.325公厘之间者 | 粒径在0.26公厘以下者 |
|---|---|---|---|---|---|---|
| 砂质粘壤土 | 东山镇 | 13.43 | 12.59 | 9.61 | 4.93 | 59.44 |
| 黄色土 | 上方镇 | 14.80 | 12.06 | 10.52 | 5.38 | 57.22 |
| 黄色土 | 挹江门 | 15.33 | 13.16 | 10.65 | 5.93 | 54.92 |
| 红色土 | 陶吴镇南 | 17.80 | 13.68 | 12.36 | 10.52 | 45.72 |
| 暗红色土 | 汤山 | 20.99 | 15.72 | 12.82 | 7.43 | 42.04 |

# 四、摘要

本文系将江宁县境内土壤，作一简略之调查报告，于本区域内气候及农业情形，亦稍陈述，文末附着色土壤概图一[①]，示各种土壤在境内分布之概况。

本区丘陵绵延，山地占全县面积甚广，多分布于境东北部及西南部，介于其间者为秦淮平原，境之西北部则为江边平原。

本区土壤，以其组织言之，可大致分为五种，即砂质黏土壤、黄色土、砾石夹黄色土、暗红色土及红色土等是也，砂质黏土壤之分布区域，多在低平地方，黄色土则位于较缓之坡地，或土岗之四围，红色土及暗红色土以山坡及山麓为多，砾石夹黄色土位置最高，多散见于较峻之山坡上。

---

① 容后补印。

本区内之土壤就土质及成分而言,以砂质黏土壤为最肥沃,生产力强,黄色土次之,其他则因地势较高,水之供给常缺,是以用于农事者较少。

区内所见农作以籼稻、小麦及豆类为多,间有种植大麦、蜀黍及棉花者,作物收量,恒随气而异,如雨量较丰,且降时一定,则丰多歉少。

对于本区土壤之改良,其重要者有三:(一)发展灌溉。底谷之地应开辟沟渠,以泄过量之水,防止水灾,又当多凿自流井或较深池塘,储蓄灌溉之水,以防旱灾,而增生产。(二)励行造林。本区境内多山,故环绕山坡,应多种植树木,以防洗刷而资利用。(三)增加肥料。境内肥料,以氮质有机肥为主要,但施用多感不足,如能再施以相当绿肥、灰粪及其他氮气肥料,石灰质亦有时需要,则生产之量定可激增,其他如引用良种,改良农作,防止病害等,皆系区域内之问题,尚待关心农事者为之筹划也。

# 南京市及江宁县地质报告勘误表 ①

| 页数 | 行数 | 字数 | 误 | 正 |
|---|---|---|---|---|
| 1 | 下起 4 行 | 26 | 便 | 较 |
| 3 | 上起 3 行 | 19 | 上 | 更上 |
| 9 | 上起 9 行 | 13 | 性实 | 性质 |
| 10 | 上起 12 行 | 2 | 西间 | 西向 |
| 10 | 下起 5 行 | 9 | 因 | 固 |
| 11 | 上起 9 行 | 30 | 栖霞为石灰岩 | 栖霞石灰岩 |
| 11 | 下起 5 行 | 12 | 亦余 | 亦颇 |
| 14 | 上起 3 行 | 1 | 阻于 | 北阻于 |
| 17 | 上起 11 与 12 行间 | | 脱二,地层 | 二,地层 |
| 17 | 下起 18 行 | 32 | 其与他 | 与其他 |
| 22 | 上起 1 行 | 32 | 附空 | 附近 |
| 22 | 下起 7 行 | 1.4 | 兴欧家庄 | 与欧家庄 |
| 25 | 上起 14 行 | 40 | 逆掩断 | 逆掩断层 |
| 32 | 下起 15 行 | 19 | 乌 | 乌山 |
| 32 | 下起 2 行 | | 霞栖 | 栖霞 |
| 33 | 上起 9 行 | 22 | 栖露 | 栖霞 |
| 41 | 上起 1 行 | 1 | 部 | 西部 |
| 45 | 上起 18 行 | 17 | 则其必生成 | 则必生成 |
| 48 | 上起 5 行 | 27 | 大成岩 | 火成岩 |
| 51 | 上起 2 行 | 8 | 成固 | 成因 |
| 51 | 上起 8 行 | 21 | 淳镇 | 淳北镇 |
| 53 | 下起 2 行 | 2 | 斑 | 玢 |
| 58 | 下起 10 行 | 7 | 四有 | 四周有 |
| 61 | 上起 1 行 | 43 | 约估 | 约占 |

① 此为原书勘误表,表中所提示的修改,已在书中体现。

| 页数 | 行数 | 字数 | 误 | 正 |
|------|------|------|------|------|
| G4 | 下起 9 行 | 10 | 晶体体 | 晶体 |
| 64 | 下起 3 行 | 31 | 铁镁物 | 铁镁矿物 |
| 66 | 上起 22 行 | 30 | 绿泥 | 绿泥石 |
| G9 | 上起 5 行 | 34 | 建建系 | 建德系 |
| 74 | 下起 2 行 | 15 | 易物 | 矿物 |
| 77 | 下起 2 行 | 29 | 极征 | 极微 |
| 78 | 下起 3 行 | 5 | 类利 | 类别 |
| 92 | 下起 3 行 | 1 | 矿井镇 | 铜井镇 |
| 94 | 上起 16 行 | 5 | 栖露 | 栖霞 |
| 97 | 上起 18 行 | 30 | 八九 | 八九日 |
| 97 | 上起 19 行 | 10 | 青砖 | 青瓦 |

# "南京稀见文献丛刊"
## 已出书目

15. 《明太祖功臣图》　　　　　　　　　　　　　　　　　　(清)上官周

16. 《金陵百咏·金陵杂兴·金陵杂咏·金陵百咏(外一种)》

　　　　　　　　　　(宋)曾极；(宋)苏泂；(清)王友亮；(清)汤濂

17. 《献花岩志·牛首山志·栖霞小志·覆舟山小志》

　　　　　　　　　　(明)陈沂；(明)盛时泰；(明)盛时泰；(民国)汪闿

18. 《金陵世纪·金陵选胜·金陵览古》

　　　　　　　　　　　　　　(明)陈沂；(明)孙应岳；(清)余宾硕

19. 《后湖志》　　　　　　　　　　　　　　　　　　　　　(明)赵官等

20. 《金陵旧事·凤凰台记事》　　　　　　　(明)焦竑；(明)马生龙

21. 《金陵琐事·续金陵琐事·二续金陵琐事》　　　　　　(明)周晖

22. 《客座赘语》　　　　　　　　　　　　　　　　　　　(明)顾起元

23—25. 《金陵梵刹志》　　　　　　　　　　　　　　　　(明)葛寅亮

26. 《金陵玄观志》　　　　　　　　　　　　　　　　　　(明)葛寅亮

27. 《留都见闻录·金陵待征录》　　　　　　(明)吴应箕；(清)金鳌

28. 《弘光实录钞·金陵野钞·南都死难纪略》

　　　　　　　　　　(明末清初)黄宗羲；(明末清初)顾苓

29. 《板桥杂记·续板桥杂记·板桥杂记补》

　　　　　　　　　　(明末清初)余怀；(清)珠泉居士；(清末民初)金嗣芬

30. 《建康古今记》　　　　　　　　　　　　　　　　　　(清)顾炎武

31. 《随园食单· 白门食谱· 冶城蔬谱· 续冶城蔬谱》

　　　　　　　　　　(清)袁枚；(民国)张通之；(清末民初)龚乃保；(民国)王孝煃

32. 《钟山书院志》　　　　　　　　　　　　　　　　　　(清)汤椿年

33. 《莫愁湖志》　　　　　　　　　　　　　　　　　　　(清)马士图

34. 《金陵览胜诗考》　　　　　　　　　　　　　　　　　(清)周宝偀

35.《秣陵集》　　　　　　　　　　　　　　　　　　　　　　（清）陈文述

36.《摄山志》　　　　　　　　　　　　　　　　　　　　　　（清）陈毅

37.《抚夷日记》　　　　　　　　　　　　　　　　　　　　　（清）张喜

38.《白下琐言》　　　　　　　　　　　　　　　　　　　　　（清）甘熙

39.《灵谷禅林志》　　　　　　　　（清）甘熙、谢元福，（民国）佚名

40.《承恩寺缘起碑板录·律门祖庭汇志·扫叶楼集·金陵乌龙潭放生池古迹考》

　　　　（清）释鹰巢；（清末民初）释辅仁；（民国）潘宗鼎；（民国）检斋居士

41.《教谕公稀龄撮记·可园备忘录·凤叟八十年经历图记》

　　　　　　　　（清）陈元恒，（清末民初）陈作霖；（清末民初）陈作霖，

　　　　　　　　　　　（民国）陈祖同、陈诒绂；（清末民初）陈作仪

42—44.《南京愚园文献十一种》　　　（清）胡恩燮，（民国）胡光国 等

　　　《白下愚园集》　　　　　　　（清）胡恩燮等，（民国）胡光国

　　　《白下愚园续集》　　　　　　（清）张之洞等，（民国）胡光国

　　　《白下愚园续集（补）》　　　（清）潘宗鼎等，（民国）胡光国

　　　《愚园宴集诗》　　　　　　　　　　　　　　　（清）潘任等

　　　《白下愚园题景七十咏》　　　（清）胡恩燮，（民国）胡光国

　　　《愚园楹联》　　　　　　　　　　　　　　　（民国）胡光国

　　　《白下愚园游记》　　　　　　　　　　　　　　（民国）吴楚

　　　《愚园题咏》　　　　　　　　　　　　　　　（民国）胡韵蒹

　　　《愚园诗话》　　　　　　　　　　　　　　　（民国）胡光国

　　　《愚园丛札》　　　　　　　　　　　　　　　　　　　佚名

　　　《灌叟撮记》　　　　　　　　　　　　　　　（民国）胡光国

45.《江宁府七县地形考略·上元江宁乡土合志》　（清末民初）陈作霖

| 46—47. | 《金陵琐志九种》 | （清末民初）陈作霖，（民国）陈诒绂 |
| | 《运渎桥道小志》 | （清末民初）陈作霖 |
| | 《凤麓小志》 | （清末民初）陈作霖 |
| | 《东城志略》 | （清末民初）陈作霖 |
| | 《金陵物产风土志》 | （清末民初）陈作霖 |
| | 《南朝佛寺志》 | （清末民初）孙文川，陈作霖 |
| | 《炳烛里谈》 | （清末民初）陈作霖 |
| | 《钟南淮北区域志》 | （民国）陈诒绂 |
| | 《石城山志》 | （民国）陈诒绂 |
| | 《金陵园墅志》 | （民国）陈诒绂 |
| 48—49. | 《秦淮广纪》 | （清）缪荃孙 |
| 50. | 《蠹山志》 | （清）顾云 |
| 51. | 《金陵关十年报告》 | （清末民国）金陵关税务司 |
| 52. | 《金陵杂志·金陵杂志续集》 | （清末民初）徐寿卿 |
| 53. | 《南洋劝业会游记》 | （民国）商务印书馆编译所 |
| 54. | 《新京备乘》 | （民国）陈迺勋，杜福堃 |
| 55. | 《金陵岁时记·岁华忆语》 | （民国）潘宗鼎；（民国）夏仁虎 |
| 56. | 《秦淮志》 | （民国）夏仁虎 |
| 57. | 《雨花石子记》 | （民国）王猩酋 |
| 58. | 《金陵胜迹志》 | （民国）胡祥翰 |
| 59. | 《瞻园志》 | （民国）胡祥翰 |
| 60. | 《陷京三月记》 | （民国）蒋公毅 |
| 61. | 《总理陵园小志》 | （民国）傅焕光 |
| 62. | 《金陵名胜写生集》 | （民国）周玲荪 |

63.《丹凤街》 (民国)张恨水

64.《新都胜迹考》 (民国)周念行，徐芳田

65.《金陵大报恩寺塔志》 (民国)张惠衣

66.《万石斋灵岩大理石谱》 (民国)张轮远

67.《明孝陵志》 (民国)王焕镳

68.《金陵明故宫图考·南京明故宫制度与建筑考》

(民国)葛定华；(民国)朱偰

69.《冶城话旧·东山琐缀》 (民国)卢前

70.《南京居游指南·南京游览指南·新都游览指南》

(民国)俞旭华；(民国)陆衣言；(民国)方继之

71.《首都计划》 (民国)国都设计技术专员办事处

72.《总理奉安实录》 (民国)总理奉安专刊编纂委员会

73—74.《总理陵园管理委员会报告》 (民国)总理陵园管理委员会

75.《首都丝织业调查记》 (民国)工商部技术厅

76.《科学的南京》 (民国)中国科学社

77.《新南京》 (民国)南京市市政府秘书处

78.《中国经济志·南京市》 (民国)建设委员会经济调查所

79.《京话》 (民国)姚颖

80.《十年来之南京》 (民国)南京市政府秘书处

81.《国立中央研究院概况》 (民国)国立中央研究院

82.《南京概况》 (民国)书报简讯社

83.《渡江和解放南京》 张宪文等

84.《南京市及江宁县地质报告》

朱庭祜，李学清，郑厚怀，汤克成，袁见齐，孙鼐